Hermann Solms-Laubach

Weizen und Tulpe und deren Geschichte

Hermann Solms-Laubach

Weizen und Tulpe und deren Geschichte

ISBN/EAN: 9783845741796
Erscheinungsjahr: 2012
Erscheinungsort: Bremen, Deutschland

www.unikum-verlag.de | office@unikum-verlag.de

Bei diesem Titel handelt es sich um den Nachdruck eines historischen, lange vergriffenen Buches. Da elektronische Druckvorlagen für diese Titel nicht existieren, musste auf alte Vorlagen zurückgegriffen werden. Hieraus zwangsläufig resultierende Qualitätsverluste bitten wir zu entschuldigen.

Hermann Solms-Laubach

Weizen und Tulpe und deren Geschichte

Weizen und Tulpe

und

deren Geschichte

von

H. Grafen zu Solms-Laubach,
Professor der Botanik an der Universität Strassburg i. E.

Mit 1 Tafel in Handcolorit.

LEIPZIG
VERLAG VON ARTHUR FELIX
1899.

Vorwort.

Seit die Fragestellung nach der Veränderlichkeit der Arten in der Zeit, in Folge der Descendenztheorie, wieder in den Vordergrund getreten ist, hat sich auch das Interesse den allzulange vernachlässigten Culturgewächsen und ihrer Geschichte in steigendem Maasse wieder zugewandt. Ich selbst hatte bei der Bearbeitung des Feigenbaums und der der Papaya Gelegenheit, mich zu überzeugen, wie mancherlei beachtenswerthe Gesichtspunkte sich bei derartigen Studien ergeben. Ich habe diese desswegen seit Jahren fortgesetzt und lege heute den Fachgenossen und anderen Interessenten den Versuch der Bearbeitung einiger weiteren, dahin gehörigen Pflanzen vor, die als Principes, als Führer ihrer Categorien angesehen werden dürfen. Denn wie der Weizen die erste aller Brotfrüchte, so ist die Tulpe, historisch betrachtet, der ersten und wichtigsten Blumen eine, die, von fernher gekommen, zur Verschönerung unserer Gärten dienen.

Wenn die vorhandene Litteratur, soweit es den Weizen anlangt, als dürftig bezeichnet werden kann, so ist das bezüglich der Tulpe in keiner Weise der Fall, wie das lange Litteraturverzeichniss am Ende des Abschnitts ergiebt. Ich füge aber hinzu, dass ich in dasselbe viele Arbeiten der Vollständigkeit wegen aufgenommen, die im Text nicht citirt werden, so alles, was auf den Bau der Tulpenzwiebel Bezug hat, und viele gärtnerische Schriften, in denen man Zusammenstellungen des von früheren Autoren Gesagten findet, die ausserdem für andere Blumengeschichten zweckmässig benutzt werden können. So wird der Vortheil erreicht, dieses Litteraturverzeichniss zu einem übersichtlichen Anhaltspunkt für die wichtigere historisch-gärtnerische Litteratur zu gestalten.

Wie es bei dergleichen Arbeiten stets der Fall, wäre ich auch hier ohne sachkundige freundliche Hülfe der verschiedensten Art gar oft rathlos dagestanden. Allen den Herren, die mich bei der Arbeit unterstützt haben, sage ich desswegen an dieser Stelle meinen schuldigen Dank. In erster Linie gilt dieser Herrn E. H. Krelage zu Harlem, der mir nicht nur mit seiner Erfahrung auf dem Gebiete der Tulpenzucht zu Hülfe kam, sondern mir auch mit grösster Liberalität die Benutzung seiner kostbaren Bibliothek gestattete, die, was die Zwiebelgewächse betrifft, an Vollständigkeit und Reichthum einzig in ihrer Art dasteht. Ich spreche ferner meinen Dank aus an Prof. Beyerinck zu Delft und Herrn Rimpau zu Schlanstedt, die nicht müde wurden, mich mit Materialien ihrer interessanten Getreidekreuzungen zu versehen, an Herrn Dr. Levier zu Florenz, der mir bei der sicheren Feststellung der im Strassburger Garten cultivirten Tulpen zur Seite zu stehen die Güte hatte, an Herrn Perrier de la Bathie, dem ich eine Anzahl der neuen Savoyischen Tulpenformen verdanke.

Die der Arbeit beigegebene Tafel stellt drei der berühmtesten altholländischen Tulpensorten dar, die im Anfang des 17. Jahrhunderts eine grosse Rolle spielten. Es sind Copien nach Originalbildern aus den Manuscripten der Bibliothek Krelage, in $^4/_5$ der Originalgrösse. Herr E. H. Krelage hatte die Freundlichkeit dieselben für mich copiren zu lassen.

Zu grossem Danke hat mich ferner durch seine Unterstützung bei bibliothekarischen Recherchen Herr Prof. Dr. Landauer in Strassburg verpflichtet; in sprachlicher Beziehung habe ich den Herren Prof. Kaibel, Prof. Köppel, Noeldecke und Forster zu danken; auf juristischem Gebiet hat mich Prof. Dr. Laband in liebenswürdigster Weise berathen. Ganz besonders danke ich endlich Herrn v. Riemsdyk, dem Generaldirector der Holländischen Archive, dessen Güte mir die Abschriften einer Anzahl sehr wesentlicher und noch nicht benützter Archivalien bezüglich der Tulpenschwindelperiode zukommen liess.

Trotz alledem kann ich — und darüber bin ich mir vollkommen klar — meinen Lesern nur Versuche in der angedeuteten Richtung bieten. Ich bitte also, dieselben freundlich aufzunehmen und mit der nothwendigen Milde und Nachsicht zu beurtheilen.

Strassburg, 1. März 1898.

H. Graf zu Solms.

I.

Betrachtungen

über

Ursprung und Geschichte

unseres

Weizens.

Nicht ohne grosses Zögern wage ich es, in den nachfolgenden Zeilen eine Reihe von Vorstellungen zur öffentlichen Kenntniss zu bringen, die sich mir bei vielfacher, seit lange fortgesetzter Beschäftigung mit der Geschichte unserer Culturpflanzen allmählich aufgedrängt haben. Sie betreffen den dunkelsten und schwierigsten Abschnitt in diesem ganzen botanisch-historischen Wissensgebiet, die Geschichte der uralten Cerealiengruppe des Weizens und der Gerste.

Nur derjenige, der schon mehrfach den hier in Frage kommenden Boden mit wissenschaftlichen Studien betreten hat, ist im Stande, die Schwierigkeiten voll und ganz zu würdigen, die sich hier auf Schritt und Tritt jedem, auch dem geringsten, wirklichen Fortschritt entgegenstemmen. Er wird begreifen, warum ich mich auf der einen Seite bescheide von Vorstellungen zu reden und warum ich nichts destoweniger auf der anderen nicht thue, was an sich vielleicht weise, jedenfalls vorsichtiger wäre, nämlich besagte Vorstellungen, da ich ihre Zutreffendheit nicht beweisen kann, in meinem Schreibtisch begraben ruhen zu lassen. Habe ich doch bei früherer Gelegenheit, als ich den Feigenbaum zu bearbeiten versuchte, Erfahrungen zur Genüge gesammelt und sehen können, wie das mühsame Gebäude meiner Beweisführung bei nachfolgenden Untersuchungen sich nicht an allen Punkten ausreichend erwiesen*), wie die Verkettung der Thatsachen zweifelsohne eine noch viel complicirtere gewesen, als es damals den Anschein hatte, wie neue offene Fragen auf dem eng begrenzten Felde des doch damals anscheinend zu vorläufigem Abschluss gebrachten Themas uns jetzt der Lösung harrend hervortreten. An sich ist dieser Stand der Dinge nicht gerade ermunternd, auf dem hier betretenen Wege fortzuschreiten, zu schwierigeren Objecten überzugehen. Denn mit dem Dunkel, welches den Ursprung unserer Brotgetreide umgiebt, kann sich die Geschichte des Feigenbaumes nicht messen, und so ist es mir gar

*) Solms 1) und 2).

oft als eine Vermessenheit erschienen, auch nur den Versuch zu wagen, einen oder den anderen Lichtblick auf diesen rückwärts gerichteten Pfaden zu gewinnen.

Der Ursprung unserer Brotgetreide ist ein Problem, welchem auf directem Wege weder mit Hülfe naturwissenschaftlicher noch historischer Methoden beizukommen ist. Man wird ihm kaum irgendwie anders näher treten können als so, dass man sich auf Grund des Materials gewisse generelle Vorstellungen über ihn bildet und diese dann mit allen zu Gebote stehenden Mitteln prüft, um eventuell ihre Unmöglichkeit zu erweisen. Gerade um eine solche Kritik von verschiedener dazu berufener Seite, vom Gesichtspunkte des Geologen, Zoologen, Philologen, Historikers aus hervorzurufen, um die Discussion bezüglich dieser, in unserer Zeit so ziemlich zu wenig versprechender Ruhe gekommenen Frage in Fluss zu bringen, habe ich trotz alledem und vielem anderen, was mich bedenklich zu machen geeignet war, doch geglaubt, mit dem Bild nicht länger zurückhalten zu sollen, welches ich mir von diesem fundamentalen Process der gesammten Culturgeschichte, von diesem descendenz-theoretischen Experiment im grossen Stil, zu dem leider die Beobachtungsjournale so gut wie verloren sind, gemacht habe.

Ob dieses Bild richtig oder nicht, mag dahingestellt bleiben, ob es möglich oder nicht, wird, wie ich wohl hoffen darf, durch die sich daran knüpfende Kritik zu Tage gebracht werden.

Von den vier Sectionen des Genus Triticum, Agropyrum, Aegilops, Eutriticum und Secale kommt für uns nur Eutriticum in Betracht. Die dahin gehörigen Formen stehen einander verhältnissmässig nahe und werden sammt und sonders seit alter Zeit cultivirt. Wenn nicht Triticum monococcum neuerdings zweifellos in spontanem Zustand nachgewiesen wäre, so würden wir die ganze Gruppe überhaupt nur als Culturpflanzen kennen. Unter solchen Umständen ist es kein Wunder, dass in Bezug auf die Zusammenfassung der unzähligen Formen, wie sie in allen Culturländern existiren, zu Speciesgruppen, die verschiedensten Anschauungen geäussert worden sind, dass manche Autoren, zumal die älteren, sieben verschiedene Species unterschieden, während andere sie sammt und sonders zu einer Art zusammenzogen. Gründe für das eine und das andere Vorgehen pflegten nicht gegeben zu werden, der den betreffenden Autoren sonst so stabile Artbegriff kam hier ins Schwanken, was sich zumal häufig bei den Floristen äussert, die in der Regel 5—6 Species haben, aber doch die Zweifel an deren Selbstständigkeit nicht zu unterdrücken vermögen. Erst in neuester Zeit haben zielbewusste Untersuchungen über die gegenseitige sexuelle Affinität der verschiedenen Formengruppen ganz besonders die Beyerinck's[1 u. 2] den bezüglichen Meinungsäusserungen den bisherigen absolut subjectiven Charakter abgestreift; es haben sich dadurch Gruppen ergeben, deren specifische Zusammengehörigkeit sich, soweit dies überhaupt thunlich, in rationeller Weise stützen lässt. Freilich sind diese Untersuchungen bei Weitem noch nicht zahlreich genug und wäre consequente Fortsetzung derselben dringend zu wünschen. Eine vortreffliche Darstellung der systematischen Gliederung unserer Eutriticumgruppe findet man bei Körnicke[1], dem besten Kenner der Getreideformen, der, nachdem er die Gliederungsversuche früherer Autoren kurz besprochen, selbst nur die folgenden Arten unterscheidet: I. Triticum vulgare, II. Triticum polonicum, III. Triticum monococcum. Aber sein Triticum vulgare zerlegt er in sechs verschiedene Unterarten, von denen zwei, Triticum spelta und dicoccum sich durch glatt brechende Spindel und fest eingeschlossene Früchte auszeichnen, während die anderen, vulgare, compactum, turgidum und durum mit zäher Spindel und ausfallenden Früchten versehen sind. Auf die Speciesberechtigung des Triticum polonicum legt er selbst wenig Werth. Im Princip stimme ich mit dem Autor vollkommen überein, muss indessen glauben, dass die sechs Gruppen des Triticum vulgare in keiner Weise einander gleichwerthig sind, und füglich in Species untergeordneten Ranges auseinandergelegt werden sollten, etwa in der Art, wie Beyerinck dies versucht hat. Allerdings möchte ich dabei die Differenzen zwischen Triticum dicoccum und monococcum schärfer betonen, als dieser Autor zu thun geneigt ist, denn die Charaktere, die Triticum durum und Triticum turgidum vom gewöhnlichen Weizen sondern, haben doch offenbar bei Weitem nicht die Bedeutung derer, die für Triticum spelta und dicoccum maassgebend sind. Immerhin hat Körnicke ganz gewiss recht mit dem, was er auf S. 38 seines Werkes über all' die Unterscheidungsmerkmale besagter Formen hervorhebt. Extreme wohlausgebildete Raçen, wie sie in unseren botanischen Gärten in der Regel cultivirt werden, sind auf den ersten Blick zu erkennen, es giebt aber aberrante Formenkreise, bei deren Bestimmung man im Zweifel bleibt und derartige Fälle liegen nicht nur zwischen Triticum dicoccum und spelta, also zwischen Arten mit gleichmässig brüchiger Rispenspindel, sondern vor Allem auch zwischen Triticum dicoccum und vulgare, ja sogar zwischen spelta und vulgare vor. Man überzeugt sich am Besten von dieser Thatsache, wenn man die von Schimper aus Abessinien heimgebrachten Getreidesorten unserer Herbarien, die leider in Folge nicht genügender Beachtung aus den Gärten wieder verschwunden sind, studirt. Zumal unter den Sorten des Zwergweizens, des Triticum compactum Host, haben wir es mit solchen Formen zu thun, bei deren Bestimmung, zumal wenn es sich um Herbarexemplare handelt, die ein Zerbrechen der Aehren und Ausreiben der Körner in ausgedehnterem Maasse nicht gestatten, man leicht zwischen Triticum vulgare und dicoccum in Zweifel bleibt. Wie alle Weizensorten mit Ausnahme des vulgare, turgidum und durum, so verschwinden auch diese mehr und mehr aus dem Anbau im Grossen und werden sie bald nur noch Curiositäten der botanischen Gärten und landwirthschaftlichen Versuchsfelder sein, deren Erhaltung den Vorstehern besagter Anstalten auf das Dringendste empfohlen werden muss, damit ihr vollkommenes unwiederbringliches Aussterben in absehbarer Zeit und damit der Verlust eines kostbaren botanischen Untersuchungsmaterials verhütet werde.

In Bezug auf die sexuelle Affinität der Eutriticumformen haben nun die Untersuchungen der letzten Jahrzehnte höchst beachtenswerthe Resultate ergeben. Ueber die spontan bei Agde entstandene Bastardform zwischen Aegilops ovata ♀ und Triticum vulgare (Touzelle) ♂, den Aegilops triticoides, und seine fertile Rückkreuzungsform mit Touzelle, den Aegilops speltaeformis, die von ihrem Entdecker Esprit Fabre[1] als directer Uebergang von Aegilops in Weizen gedeutet wurde, ist in Frankreich bekanntlich eine reiche Litteratur und eine heftige Fehde zwischen Jordan und Godron entstanden, deren wesentlicher Inhalt hier kurz resumirt werden mag. Die Section Aegilops ist von Eutriticum recht wesentlich verschieden, sie zeigt ungekielte, auf dem Rücken breitgewölbte Glumae, die begrannt oder unbegrannt sein können. Ihre Frucht ist mit breiter, offener, grabenähnlicher Furche versehen, der Embryo entbehrt der beiden seitlichen Wurzelanlagen. Es giebt Arten, bei denen die Spindel in einzelne Aehrchen tragende Glieder auseinanderbricht (Aegilops cylindrica) und andere, bei denen die Spindel der kurzen Rispe zäh ist und nur an der Basis eine einzige Gliederungsstelle aufweist, die dann aber sehr ausgeprägt ist und an der bei erreichter Reife das Abbrechen erfolgt. So z. B. Aegilops ovata. Bei allen Arten bleiben wie beim Spelz die Früchte von den breiten Spelzen fest umschlossen.

Bei Aegilops ovata beginnt die Rispe mit einem verkümmerten Aehrchen, es folgen 1—3, gewöhnlich 2, fertile und weitere 1—3 sterile, nur männliche Blüthen bergende. Die Abgliederungsstelle liegt unter dem ersten fruchtbaren Aehrchen, sie bildet eine ovale glatte Fläche an dem schnabelförmig vortretenden basalen Ende der Inflorescenzachse. Die breiten gewölbten Glumae und Paleae laufen je in 3—5 starke, spreizende Grannen aus, die von der Inflorescenz nach allen Seiten hin abstehen, so zwar, dass nach dem Herunterfallen die Rispe mit den eingeschlossenen Früchten auf den Grannenspitzen und auf dem basalen, schnabelförmigen Abbruchsende ruht. Da die Körner nicht ausfallen, so würden sie nie in den Boden und in günstige Keimungsbedingungen gelangen können, wenn die Rispe nicht in Folge dieser ihrer Beschaffenheit selbstthätig in diesen eindringen, sich selbst begraben würde. Das kommt so zu Stande, dass bei den Bewegungen, die der Wind verursacht, das schnabelförmige Abgliederungsende in den

Boden eindringt, dass weiterhin jedes bewegende Moment die Aehre um dieses Ende als Centrum dreht, so dass das Eindringen stetig fortgeht, bis schliesslich der ganze Fruchtstand begraben ist. (Man vergl. Godron[1, 4].) Nun erst können die Früchte auskeimen; die aus ihnen hervorgehenden Pflanzen bilden von vornherein einen zusammenhängenden Rasen, zwischen dessen Wurzelgeflecht man meist noch zur Blüthezeit die Aehre des vorigen Jahres antrifft, aus deren Körnern er hervorgegangen ist.

Nun hatte im Jahre 1853 Fabre in Agde beobachtet, dass aus einer solchen Inflorescenz von Aegilops ovata nicht nur Pflanzen dieser Species herausgewachsen waren, sondern daneben auch solche einer selten und sporadisch vorkommenden von Requien als Aegilops triticoides bezeichneten Aegilopsform. Dieser Aegilops hat eine gewisse habituelle Aehnlichkeit mit dem Weizen, wennschon er die Charaktere seiner Section aufweist, er ist, wie Godron nachgewiesen, ein Bastard der aus der Befruchtung der Mutterpflanze von benachbarten Weizenfeldern derivirt. Wird auf diesen Kolbenweizen gezogen, dann sind die Grannen des Aegilops triticoides kurz und verkümmert, ist es Grannenweizen, dann haben wir auch stark begrannte Aegilopsähren.

Die Schlussfolgerung, die Fabre[1] und mit ihm Dunal[1] aus ihren Versuchen zogen, war freilich eine ganz andere. Der erstere hatte die sehr spärlichen und seltenen Körner des Aegilops triticoides gesammelt und ihr Product in zwölf Jahre fortgesetzten Versuchsgenerationen cultivirt. Er sah die Pflanzen immer höher, aufrechter, und Weizen ähnlicher werden und schloss daraus, dass Aegilops ovata sich unter Umständen direct im Laufe weniger Generationen in echten Weizen zu verwandeln im Stande sei.

Godron[2] dagegen hat den Aegilops triticoides künstlich erzeugt, indem er Aegilopsährchen castrirte und mit dem Pollen des in der Gegend von Montpellier gewöhnlich cultivirten blé Touzelle bestäubte. Er hat ferner gezeigt, dass solche Operationen gar nicht nöthig sind, wenn man sich die Bastardform verschaffen will, dass man bloss nöthig hat, zur Reifezeit der Aegilops ovata eine Fläche Gartenlandes mit deren Aehren zu besäen und dann zu beiden Seiten dieser Fläche im Herbst, zur gewöhnlichen Zeit, eine Weizenaussaat zu machen. Im nächsten Frühjahr blühen beide gleichzeitig und im zweiten Jahr werden sicherlich zwischen den neugekeimten Exemplaren der Aegilops ovata einzelne von Aegilops triticoides erscheinen. Auch in ihrer Heimath wächst Aegilops triticoides nur sporadisch und hält sich durchaus in der Nähe der Weizenfelder. Die künstlich erzogene Pflanze ist absolut unfruchtbar, in Folge mangelhafter Ausbildung der Stamina, sie lässt sich dagegen leicht mit dem Pollen des Vaters, des blé Touzelle befruchten und giebt dann ziemlich guten Ertrag. Hochgradige Sterilität zeichnet auch die wildgefundene Pflanze aus; und die wenigen in ihr gefundenen Früchte, von denen Fabre's Culturen ausgingen, sind gewiss auf Bestäubung durch benachbarten Weizen zurückzuführen, wo es denn kein Wunder, dass sie weizenähnlichere Producte lieferten. Dass die Pflanzen zweiter Generation in der That auf diesem Wege durch Rückkreuzung mit dem Pollen des Weizens entstanden, hat Godron durch das Experiment an seinem künstlich erzeugten Aegilops triticoides erwiesen, der bei besagter Rückkreuzung Pflanzen lieferte, deren Identität mit denen der folgenden Generationen Fabre's nicht bezweifelt werden konnte. Bei aller Weizenähnlichkeit hatten sie die an der Basis abgliedernde für Aegilops charakteristische Inflorescenz behalten. Nur bei den letzten Generationen Fabre's, deren Aehren Godron bei Dunal sah, war dieser Charakter verloren, und auch Godron konnte unter Umständen derartige Aehren mit zäher Spindel erhalten, auf die nachher noch zurückzukommen sein wird.

Merkwürdiger Weise ist nun aber diese notorisch unter dem Einfluss des Pollens von blé Touzelle auf den Aegilops triticoides entstandene Rückkreuzungsform im Gegensatz zu ihrer Mutter mit gutem Pollen versehen und fertil, nicht ausschliesslich auf Bestäubung durch Weizenpollen angewiesen. Freilich ist besagte Fertilität in den ersten Generationen meist noch gering, wie aus zahlreichen Versuchen Grönland's,[1] Godron's und Durieu's (cf. Godron 9) hervorgeht; sie steigert sich aber mit der Zeit und ihre Fixirung wird derart, dass spätere Generationen einen recht reichlichen Körnerertrag liefern. Darauf hat Jordan[2], [3], der fertile Bastarde nicht zugeben wollte, seine Ansicht begründet, wonach diese selbstfertile Pflanze Fabre's eine eigene, wahrscheinlich aus dem Orient eingeschleppte Aegilopsspecies darstellt, die Fabre neben dem echten, absolut sterilen Aegilops triticoides einmal gefunden und mit diesem, dem sie sehr ähnlich, verwechselt habe. Er nennt diese Art Aegilops speltaeformis Jordan, ein Name, der von Godron aufgenommen und als generelle Bezeichnung für alle Rückkreuzungsgenerationen des Aegilops triticoides mit Weizen benutzt worden ist. Für Jordan also ist Aegilops triticoides eine monströse Deformation der Aegilops ovata, Aegilops speltaeformis eine eigene, selbstständige, bisher übersehene Species; für Godron ist erstere der Bastard von Aegilops ovata ♀ und Triticum vulgare ♂, die andere der sekundäre Bastard [Aegilops ovata ♀ × Triticum vulgare ♂] ♀ × Triticum vulgare ♂. Man könnte nun fragen, woher kommt es, dass, wenn Aegilops triticoides hier und da in Folge der Befruchtung durch den Weizen Früchte liefert, aus denen die selbstfertile Rückkreuzungsform Aegilops speltaeformis erwächst, woher kommt es unter diesen Umständen, dass dieser Aegilops speltaeformis sich nur in der Cultur, nicht aber im Freien fortpflanzt, dass er im wilden Zustand nicht gefunden wird. Jordan hat diese Frage in der ersten Arbeit nur gestreift, später dagegen sehr stark hervorgehoben, er beruhigt sich mit der Annahme, dass es sich um eine, aus dem Orient eingeschleppte Species handle, die alsbald wieder verschwunden sei. Godron[7, 4], S. 34 dagegen hat auf Grund der Beobachtung auch dieses an sich räthselhafte Factum vollkommen aufgeklärt. Denn bei der weizenähnlicheren Inflorescenz des Aegilops triticoides wird die Richtung der Grannen geändert, die basale Abbruchsstelle der Gesammtähre berührt den Boden nicht mehr, die Anpassung zum Eindringen in diesen ist gestört, und da andererseits die Körner von den Spelzen umschlossen bleiben, werden sie in so ungünstige Keimungsbedingungen versetzt, dass sie nur in ganz seltenen Fällen überhaupt zu Pflänzchen auswachsen und selbst in diesem günstigsten Fall sich der umgebenden Vegetation gegenüber in der allerprecärsten Lage befinden. Kamen doch in Godron's Garten zu Nancy selbst auf bearbeiteten Gartenbeeten und unter Ausschluss concurrirender Mitbewerber die Pflanzen des Aegilops speltaeformis nur da zur Entwicklung, wo sein Fusstritt zufällig die abgefallenen Aehren in den Boden hineingedrückt hatte.

Gelegentlich, aber doch im Ganzen ziemlich selten, traten Rückschlagserscheinungen im Laufe dieser durch beträchtliche Zeiträume fortgeführten Generationsculturen auf. Sind doch diese Culturen in Bordeaux durch Durieu de Maisonneuve durch 33 Generationen fortgesetzt worden. Diese Rückschläge sind von Godron hauptsächlich in seinen Abhandlungen vom Jahre 1869[4] und 1877[8, 9] ausführlich behandelt worden. Sie haben sich im Wesentlichen nach zwei Richtungen geäussert, einmal in dem Verlust der basalen Articulation der Inflorescenz, deren Spindel zäh wurde und einen gewissen Druck erforderte, ehe sie brach, wobei die Bruchstelle oft über das unterste oder sogar über die beiden untersten fertilen Aehrchen hinaufrückte, und dann darin, dass die Progenies einer mit Kolbenweizen erzeugten kurzgrannigen Aegilops speltaeformis nach mehreren Generationen plötzlich lang begrannte Pflanzen ergab, was Godron wohl ganz richtig als Atavismus nach einer begrannten Vorfahrenform des väterlichen Kolbenweizens deutete.

Dass solche Rückschläge vorkommen, ist ja ganz natürlich. Merkwürdig ist eher, dass sie so selten auftreten. Denn es ist für verschiedene Bastarde und in specie auch für solche von Gräsern bekannt, dass in der zweiten Generation eine Fülle verschiedenartiger Combinationsformen der elterlichen Charaktere auftreten. Man hat das wohl als variation désordonnée bezeichnet. Beispiele bei den Getreidearten sind nicht selten; man vergl. Vilmorin[1] S. 359, Jordan[1] für Weizenkreuzungen, Rimpau[8] S. 21 für Gerste (Hordeum Rimpaui Wittm.). Dieses selbe Hordeum Rimpaui und seine Descendenz habe ich selbst im Strassburger Garten beobachten können, es ist ausserdem noch besprochen worden von Liebscher.[1] Durch sorgfältige Zuchtwahl kann man dann aus diesem Chaos von Formen einzelne isoliren und ohne grosse Mühe zu ziemlich grosser Constanz bringen.

Godron hatte lange Zeit seine Versuche wesentlich mit dem blé Touzelle von Agde angestellt, er sowohl als Durieu und Grönland[1,2] haben mit dieser Vaterpflanze den reichlich selbstfertilen Aegilops speltaeformis erzogen. Es ist nun in hohem Grade merkwürdig, dass das in gleicher Weise nur mit wenigen der Touzelle ganz nahestehenden Weizensorten erzielt werden konnte, dass die Anwendung anderer Formen als Bestäuber dagegen ein wesentlich verschiedenes Resultat ergab, wie Godron's und Grönland's Versuche zeigten. Man erzog zwar gleichfalls Aegilops speltaeformis mit einem an die jeweilige Vaterpflanze erinnernden Habitus, allein die so erzeugten Producte waren gar nicht oder doch nur im geringsten Maasse fertil, nahmen auch an Fertilität nicht zu, wie bei der ursprünglich als Aegilops speltaeformis bezeichneten Pflanze, konnten vielmehr trotz grosser Mühe kaum über die dritte, in einem einzigen Fall bis zur fünften Generation erhalten werden und gingen hernach verloren. Immerhin sind die vorhandenen Untersuchungen bezüglich dieses Punktes bei Weitem nicht ausreichend und wäre eine erneute Inangriffnahme der Untersuchung von diesem Gesichtspunkt aus sehr dringend zu wünschen. Auf keinen Fall aber wird man der daraus von Godron[4] (1869) S. 56 gezogenen Schlussfolgerung beistimmen dürfen, die er im folgenden Satz zusammenfasst: „On peut déduire de mes experiences . . . . . que le blé d'Agde doit être spécifiquement distinct des autres blés que nous avons employés M. Grönland et moi, pour procréer d'autres séries d'Aegilops hybrides, puisqu'ils ont donné des résultats aussi différents de ceux du blé d'Agde.“ Denn da mit der Kreuzung immer eine Störung des regelmässigen Organisationsbetriebes verbunden ist, so kann es uns kaum Wunder nehmen, wenn wir bei solchen Versuchen in grösserer oder geringerer Ausdehnung Functionsstörungen bei den Producten vorfinden. Auf ein verschiedenes Verhalten bezüglich der sexuellen Affinität braucht das noch keineswegs zu deuten. Kommt doch das Gleiche gelegentlich bei Kreuzungen innerhalb der Gruppe des Triticum vulgare vor, wie denn z. B. Rimpau[8] S. 62 angiebt, bei der wechselseitigen Befruchtung von Triticum vulgare var. lutescens Alef. (Squarehead) und Triticum turgidum var. jodurum Alef. (Rivett's Bearded) zum Theil fruchtbare, zum Theil gänzlich sterile Progenies erhalten zu haben. Absolute und constante Sterilität der Bastarde freilich darf wohl als ein Zeichen erlöschender sexueller Affinität zweier Formen gedeutet werden.

Für die Zwecke unserer Beweisführung ergiebt sich nun aus allen diesen Bastardirungsversuchen die Thatsache, dass zwischen Aegilops ovata und allen Sorten des Triticum vulgare, ob auch mit Triticum polonicum ist meines Wissens noch nicht geprüft, sexuelle Affinität besteht. Inwieweit sich diese auch auf die anderen Formen des Eutriticumstammes erstreckt, lässt sich leider mit gleicher Bestimmtheit noch nicht sagen, da viel zu wenig bezügliche Versuche vorliegen. Den Bastard Aegilops ovata ♀ × Triticum monococcum ♂ giebt Grönland[2] an erzogen zu haben und bildet die der Mutterpflanze sehr ähnliche Aehre auf Fig. 13 der Tafel ab. Die Pflanze, über deren Antherenbeschaffenheit bedauerlicher Weise nichts angegeben wurde, scheint steril gewesen zu sein, sie ergab nur ein einziges Korn, wohl in Folge von Bestäubung seitens der nicht weit vom Standort entfernten grossartigen Weizenfelder Vilmorin's (cf. Godron[4] S. 41). Ueber die Beschaffenheit des daraus erwachsenen Individuums zweiter Generation finde ich keine Angaben, es hat indess, wie aus Grönland[1] hervorgeht, keine Frucht gebracht, so dass die Versuchsreihe mit ihm erloschen ist. Bezüglich einer zweiten gleichartigen Bastardpflanze ist Grönland selbst nicht sicher, ob nicht eine Verwechslung der Etiketten stattgefunden habe. Die ganze Beobachtungsreihe ist nun hierdurch mit einigem Zweifel behaftet und kann als Beweis nicht wohl verwendet werden. Wäre das nicht der Fall, so würde sie den Beweis liefern, dass auch Triticum monococcum noch in sexueller Affinität zu Aegilops ovata stehe, und dann würde man das Gleiche wohl auch für das dem Triticum sativum näher als das Einkorn stehende Triticum dicoccum annehmen dürfen. So aber bleibt alles dies weiterer Untersuchung vorbehalten.

Dass die sexuelle Affinität auch nach anderen Richtungen über den Rahmen der Eutriticumgruppe hinausgreift, beweisen im Uebrigen die Bastarde, die zwischen Weizen und Roggen erzogen worden sind. Eine Zusammenstellung des darüber Bekannten ist bei Rimpau[8] S. 18 zu finden; die zuerst von St. Wilson,[1] dann von ihm erzogene Bastardform ergab nur wenige und unvollkommene Früchte, und diese sind wahrscheinlich der Fremdbestäubung durch die in der Nähe stehenden Weizenpflanzen zu verdanken. Wahrscheinlich wird sich der Bastard bei Isolirung als völlig selbststeril erweisen. Eine Aehre desselben wird in Tafel VI, Fig. 58, abgebildet; ein Belegstück davon verdankt das hiesige Institut Herrn Rimpau's Zuvorkommenheit.

Versuche, Kreuzungen zwischen den einzelnen Formen der Eutriticumgruppe zu erzielen, liegen in ziemlicher Fülle vor, die zuverlässigsten sind die von Vilmorin[1, 2, 3], Rimpau[8] und Beyerinck[1 u. 2]. Es geht aus denselben hervor, dass die verschiedenen Formen von Triticum vulgare und spelta nach beiden Geschlechtsrichtungen leicht kreuzbar sind und im Allgemeinen ergiebig fruchtende Nachkommenschaft ergeben, wenn auch gelegentlich sterile Individuen auftreten. Ebenso verhält sich Triticum polonicum. Denn Jordan[1] sah einen Bastard zwischen diesem und Triticum turgidum in einer Aussaat des letzteren auftreten, an dessen hybridem Charakter nach den Eigenschaften seiner Progenies (l. c. S. 16) kein Zweifel obwalten konnte und Vilmorin[3] hat eine Generationsreihe des Bastards von Triticum polonicum ♀ und Pétanielle blanche (Poulard) erzogen. Was Triticum dicoccum betrifft, so scheinen damit wenig Versuche angestellt zu sein, indess hat Beyerinck den Bastard Triticum spelta ♀ × dicoccum ♂ erzogen und mir Aehren desselben mitgetheilt. Er giebt im Uebrigen an, dass Triticum dicoccum mit den Formen des Triticum vulgare theilweise sehr sterile Bastarde lieferte.

Verbindungen von Triticum vulgare-Formen mit Triticum monococcum sind von Vilmorin zu wiederholten Malen versucht worden, aber völlig ohne Erfolg. Dagegen ist es Beyerinck[2] gelungen, den Bastard Triticum monococcum × dicoccum in beiden Geschlechtsrichtungen zu erzielen. Die beiden erzielten Kreuzungsproducte, unter sich etwas verschieden, erwiesen sich absolut steril, und zwar anscheinend nicht bloss durch Verkrüppelung der Antheren, sondern auch durch mangelhafte Entwicklung des Fruchtknotens. Denn obschon dieser keinerlei Anomalie erkennen liess, so war es doch höchst auffallender Weise durchaus nicht möglich, ihn durch Bestäubung sowohl mit Triticum dicoccum als auch mit Triticum durum und gewöhnlichem Weizen zur Fruchtentwicklung zu bringen. Dazu kam noch eine kümmerliche Ausbildung der Lodiculae, die nicht anschwellen, in Folge wovon denn auch das Auseinanderweichen der Spelzen zur Blüthezeit unterbleibt.

Es hat nun schon Beyerinck aus seinen Versuchen den Schluss gezogen, dass Triticum monococcum, dessen Bastardirung so sehr schwierig (mit Triticum vulgare möglicher Weise gar nicht) gelingt, eine allen übrigen fernstehende, denselben als Art entgegen zu setzende Form sein werde, und er stimmt diesbezüglich, wie wir sehen, mit Körnicke's Ansicht überein. Dazu passt auch die Thatsache, dass diese Pflanze in einer wenig abweichenden Form mit vollster Sicherheit in spontanem Zustande gefunden worden ist, wodurch sie sich von allen Sectionsgenossen unterscheidet.

Bezüglich des Triticum dicoccum spricht Beyerinck sich nicht mit der gleichen Bestimmtheit aus, hält aber der grossen Unfruchtbarkeit seiner Hybriden halber dafür, dass es gleichfalls von den übrigen mehr als diese unter sich verschieden sei und wahrscheinlich eine ältere Form der Descendenz darstelle. Ich muss mich dem in allen Punkten anschliessen und möchte nur noch ganz besonders hervorheben, wie gerade diese beiden Typen sich auch durch die Fragilität ihrer Rispenspindel auszeichnen. Und dass dieses ein alter Charakter ist, dass das Zähwerden der Spindel erst sekundäre Erwerbung darstellt, ist für mich fast unzweifelhaft, da wir mehrere Fälle kennen, bei welchen der Thatbestand gar nicht anders gedeutet werden kann. So kennen wir z. B.

eine wilde Grasform, die dem Hordeum distichum überaus nahesteht, so nahe, dass dessen Herkunft von ihr kaum bezweifelt werden kann, und die sich gerade hauptsächlich durch die grosse Fragilität der Rispenspindel von diesem unterscheidet. Es ist das Hordeum Ithaburense Boiss. (spontaneum C. Koch), dessen Verbreitungsgebiet sich vom Caspi-See bis Persepolis, bis zum peträischen Arabien, und an der afrikanischen Nordküste bis zur Cyrenaica (Schweinfurth und Ascherson[1]) erstreckt. Und nach Godron findet man eine ähnliche Fragilität gelegentlich bei einzelnen Exemplaren unserer cultivirten zweizeiligen Gerste als Rückschlagerscheinung. Genau dieselben Beziehungen greifen Platz zwischen Secale cereale L. und dem mit zerbrechlicher Spindel versehenen Secale montanum Guss. (dalmaticum Vis., anatolicum Boiss.), welches von Centralasien bis nach Spanien verbreitet vorkommt. Und wiederum ist die wilde Oryza punctata Centralafrikas beinahe nur durch eben denselben Charakter vom cultivirten Reis unterschieden. Dass es sich schliesslich beim Mais nicht anders verhalten haben werde, dafür bürgt uns bereits die Fragilität der Kolbenspindel der zunächst verwandten Gattungen Euchlaena und Tripsacum und es giebt sogar thatsächlich Maisformen, bei welchen dieser in genere verlorene Charakter in Form von Rückschlagsbildungen wiederkehren kann. Ich denke bei anderer Gelegenheit auf diese Verhältnisse zurückkommen zu können.

Wenn wir somit mit Beyerinck Triticum monococcum und dicoccum als ältere in früherer Entwicklungsperiode abgezweigte Glieder des Eutriticumstammes ansehen, so bleibt uns jetzt noch Triticum spelta zu besprechen, welches gleichfalls durch die Fragilität seiner Rispen den Verdacht erweckt, von einer älteren Generation des Stammes als die Vulgare-Formen zu deriviren. Vilmorin's Kreuzungsversuche[1] haben nun Gesichtspunkte ergeben, die mir persönlich diesen Verdacht beinahe zur Gewissheit erheben. Es will wenig sagen, wenn, wie Vilmorin angiebt, bei allen Kreuzungsproducten beliebiger vulgare-Raçen mit Triticum spelta stets und unweigerlich ein stärkeres Vorwiegen der Charaktere von spelta beobachtet wird. Aber überzeugend dürfte es sein, wenn bei Kreuzungen von vulgare (Chiddam) und durum (blé Ismaël) neben Intermediärformen zwischen diesen und solchen vom Habitus des turgidum ganz besonders Abkömmlinge entstehen, die sich in den Charakteren an spelta annähern, von denen Vilmorin auf Tafel VII eine Aehre abbildet, von denen er sagt S. 358: „et d'autres qui se rapprochent tout à fait des épeautres, ce qui est surprenant dans la descendance d'un blé tendre et d'un blé dur“. Wenn nun diese Beobachtung ganz allein stände, so könnte man ihre Bedeutung immerhin durch die Annahme herabdrücken, dass eine der Mutterpflanzen, durch gelegentliche Kreuzung entstanden, Blut von spelta in sich enthalten habe, wennschon dies bei der Spärlichkeit der spontanen Getreidekreuzungen nicht gerade allzu grosse Wahrscheinlichkeit bietet. Wir würden es alsdann nicht mit einem Rückschlag nach einer alten Stammform, sondern nur mit dem nach den Eltern einer Bastardverbindung zu thun haben. Da aber Vilmorin das gleiche Resultat auch bei den Nachkommen einer ganz anderen Kreuzung zwischen Triticum vulgare (blé Seigle) und Triticum turgidum (blé Buisson) erhalten hat, so müsste doch, wenn diese Erklärungsweise die richtige sein sollte, ein geradezu wunderbarer Zufall im Spiel gewesen sein. Vilmorin sagt diesbezüglich S. 359: „De ce pied sont sortis cette année des blés de toute sorte, barbus ou sans barbe, parmi lesquels, chose étrange, on remarque une tendance très marquée à se rapprocher des formes derivées du Triticum spelta. Voilà donc des plantes sorties d'un blé tendre et d'un poulard, et qui reproduisent des épeautres, on y trouve même une épeautre rameuse issue de deux blés à épis simples."

Wenn man den im bisherigen begründeten Schlüssen beitritt, dann hat man also in der Eutriticumgruppe eine Reihe von Formen verschiedenen Entstehungsalters, die sich in folgender Weise gruppiren: Triticum monococcum — Triticum dicoccum — Triticum spelta — Triticum vulgare, durum, turgidum, polonicum. Und das fällt wesentlich mit Beyerinck's Gliederung zusammen. Es ist schon oben erwähnt worden, dass von ihnen allen mit Sicherheit nur Triticum monococcum im wilden Zustand bekannt ist. Von allen übrigen Arten ist es wohl unzweifelhaft, dass von ihrer Spontaneität in irgend einem Gebiet, dessen Flora bekannt ist, gar nicht die Rede sein kann. Die dürftigen positiven Angaben der Reisenden, die man bei de Candolle[1] zusammengestellt findet, haben dort schon ihre Würdigung und Erledigung gefunden. Schon Link[1] hatte ihnen nur geringes Gewicht beigelegt. Und dass für den Weizen in allen seinen heutigen Culturländern überhaupt gar nicht die Möglichkeit existirt, sich ohne Beihülfe des Menschen auch nur eine kurze Zeit zu erhalten, dass er also nicht einmal verwildern kann, weil er an allen diesen Orten dem Wettbewerb der einheimischen Flora nicht gewachsen ist, gerade wie die Kornblume, die Rade und andere Ackerunkräuter auch, ist sonnenklar und allbekannt.

Die Identität des cultivirten Triticum monococcum mit dem habituell etwas abweichenden kleineren und magereren Triticum boeoticum Boiss. Diag. (monococcum β lasiorhachis Boiss. Fl. or.) dürfte zuerst von J. Gay festgestellt sein (Bull. soc. bot. Fr. VII. S. 30). Ich habe verschiedene Exsiccaten (Balansa 1854, Nr. 137 zwischen Smyrna und Magnesia; Balansa 1857, Nr. 1340 Ouchak, Phrygien in Weinbergen) gesehen und ausserdem die von Beyerinck erhaltene Pflanze seit Jahren cultivirt. Griechische, serbische, mesopotamische Exemplare haben mir nicht vorgelegen. Ich finde nur folgende Unterschiede gegenüber der cultivirten Pflanze: Die Blätter sind schmäler, und zwar locker, aber ziemlich stark behaart, die Rispe ist viel schlanker, ihre Spindel ist mit milchweissen Haaren besetzt, die, überall verbreitet, am oberen Ende der Glieder besonders entwickelt sind und dichte weisse Büschel bilden; die Aehrchen sind viel kleiner, meist dunkel gefärbt. Alles dies sind Charaktere von geringerem Belang. Dazu kommt freilich der Umstand, dass Triticum boeoticum zweijährig, nicht annuell ist wie unser Triticum monococcum. Die bezügliche Angabe der Flora orientalis ist nicht richtig, Frühjahrsaussaaten im Strassburger Garten waren nie zur Blüthe zu bringen und bildeten noch im Herbst niedrige und sehr gedrungene Stöcke. Nur bei Herbstaussaat wurde normale Entwicklung erzielt. Indessen lehren uns die Verhältnisse beim Roggen, dass auch darauf ein übermässiges Gewicht nicht gelegt werden darf. Denn Secale cereale, obschon jetzt einjährig, stammt doch ziemlich zweifellos von dem perennen Secale montanum ab, auf dessen Lebensdauer gelegentliche Rückschläge hinweisen. Körnicke[1] S. 124 sagt: „An diese Eigenthümlichkeit der Urform erinnert aber noch unser Roggen, indem er wieder ausschlägt, wenn die Stoppeln längere Zeit auf dem Felde stehen.“ Und in Südrussland giebt es nach Batalin[1] eine Roggensorte, die als perennirende Pflanze cultivirt wird und mehrere Jahre hintereinander neue Halme treibt.

Was nun die ursprüngliche Heimath der übrigen nicht mehr wild bekannten Formen der Gruppe angeht, so lag zunächst nichts näher, als sie eben in den Gegenden zu suchen, in denen das Triticum monococcum gefunden wird. Das ist denn auch bis in die neueste Zeit gewöhnlich geschehen. Warum sie dort jetzt thatsächlich nicht mehr der einheimischen Flora angehören, blieb in der Regel gänzlich unerörtert. Aus seinen Untersuchungen über das Blühen der Gräser hat Godron[10] in ganz origineller Weise einen Schluss auf das Klima gezogen, in dem der wilde Weizen gelebt haben müsse. Er sagt S. 66: „Cette céréale ne pouvant non plus être cultivée avec succès dans les pays où les pluies sont rares et par conséquent le sol aride, une certaine humidité du terrain et une chaleur matinale moderée paraissent indispensables pour donner à ses fonctions de reproduction l'activité nécessaire“, und meint dann, dass Mesopotamien und Aegypten diese klimatischen Verhältnisse in exquisitem Maasse bieten. Eine kurze Darlegung seiner Auseinandersetzungen dürfte hier wohl am Platze sein.

Bei allen Grasformen mit ährenartiger Rispe beginnt die Entfaltung der Blüthen in der Mitte der Gesammtinflorescenz, gegen oben und unten fortschreitend. Dabei eröffnet jedes Einzelährchen dieselben in acropetaler Folge; seine unterste Blüthe tritt zuerst hervor. Bei zweiblüthigen Aehrchen kommt es wohl vor, dass beide zugleich sich entfalten, so z. B. bei Arrhenaterum elatius. Bei allen diesen Gräsern findet die Eröffnung am frühen Morgen statt und wird wesentlich durch das Eintreten einer bestimmten, meist zwischen 12 und 21 gelegenen Minimaltemperatur bedingt. Wird dieses Minimum in den Frühstunden nicht erreicht, so verzögert sich das Aufblühen unserer Wiesengräser um ein paar Stunden, ist sie auch dann noch nicht eingetreten, so wird es auf den nächsten frühen Morgen verschoben. Regnet es, so benützt das Gras, die nöthige Temperatur vorausgesetzt, die erste sich bietende Pause. Die Eröffnung geschieht ausserordentlich rasch; während die Deckspelze zurückklappt, treten die Antheren durch Dehnung ihrer aufgerichteten Filamente stark in die Höhe; an ihrer Spitze beginnt die Bildung der Eröffnungsspalte, aus der jetzt bereits geringe Pollenquantitäten ausfallen. Dieser tritt in Wolken hervor, während dann die Filamente erschlaffend umfallen. Da nun die Aehrchen dieser Gräser in der Inflorescenz übereinander stehen, in jedem derselben sich dabei täglich nur eine Blüthe zu öffnen pflegt, so findet in der Regel Bestäubung der tiefer stehenden Blüthchen durch höher stehende statt, wennschon Selbstbestäubung nicht gerade ausgeschlossen erscheint. Bei Gräsern mit ausgebreiteter Rispe wird die Sache complicirter, kommt aber doch wesentlich auf dasselbe hinaus. In Bezug auf diesen Punkt stimmt Godron also wesentlich mit den ihm freilich unbekannten Autoren Delpino[1] und Hildebrand[1] überein. Obschon diese Frage für unsere Zwecke keine besondere Bedeutung hat, mag hinzugefügt werden, dass Rimpau[1] 1877 zeigte, dass die Gräser sich verschieden verhalten, dass beim Roggen nur Fremdbestäubung wirksam ist, beim Weizen die Selbstbestäubung in den Vordergrund tritt, wennschon die andere auch vorkommt, dass ferner Liebenberg[1] diese von Rimpau erhaltenen Resultate bestätigen konnte.

Nun giebt es aber bekanntlich mancherlei Ausnahmefälle; die bekanntesten sind der von Zea Mais und die Cleistogamie der Oryza clandestina. Aehnliche Cleistogamie hat Godron für die Gattung Stipa festgestellt, während doch die nächst verwandte Aristella die Spelzen öffnet und die Stamina austreten lässt. Freilich scheint es auch innerhalb der Gattung Stipa Differenzen zu geben, wie denn nach Trabut Stipa gigantea cleistogam ist, bei der verwandten Stipa Letourneuxii Trabut[1] S. 404—407 aber die Antheren hervortreten.

Eigenthümliche Combinationen der gewöhnlichen Bestäubungsart und der Cleistogamie finden sich nun beim Weizen und der Gerste vor. Nach Godron blüht der Weizen früh Morgens zwischen 4 und 6 Uhr, eine Angabe, welche Rimpau im Allgemeinen bestätigt, wenngleich er hinzufügt, dass viele Ausnahmen vorkommen und dass man öfters noch zu viel späteren Tageszeiten geöffnete Blüthen vorfindet. Nach Körnicke[1] sind freilich diese Ausnahmen so zahlreich, dass dieser Autor direct sagt S. 33: „Der Weizen öffnet mit Ausnahme von Triticum monococcum seine Blüthen während des ganzen Tages.“ Die Angabe, dass er nur in den frühen Morgenstunden, zwischen $4^1/_2$—$6^1/_2$ Uhr seine Blüthen öffne, später nicht mehr, oder nur als ganz seltene Ausnahme, gilt für Bonn ganz entschieden nicht". Die Minimaltemperatur bei der die Eröffnung erfolgt, ist nach Godron 16°, nach Rimpau[2] liegt sie etwas tiefer; Körnicke[1] will überhaupt eine so einfache Beziehung zwischen Temperatur und Blüthenöffnung nicht anerkennen. Tritt diese Minimaltemperatur früh Morgens nicht ein, wird sie aber später erreicht, so wird die Eröffnung nach Godron auf spätere Morgenstunden verschoben. Wenn aber die Temperatur den Tag über niedrig bleibt, 12 oder 13° nicht überschreitet, dann wird das Blühen nicht wie bei den meisten wilden Gräsern bis zum nächsten Morgen verschoben; es tritt dann vielmehr cleistogame Befruchtung ein. Die Spelzen bleiben überhaupt geschlossen und man findet späterhin, noch bis zur Fruchtreifezeit, die abgetrockneten Antheren in Form einer kleinen, den Fruchtscheitel bedeckenden Kappe. Bei der Gerste liegt das Minimum fürs Aufblühen noch höher, bei 18—20°, in Folge dessen ist die Cleistogamie viel allgemeiner vorhanden. Ja bei Hordeum zeocrithon L. soll sie allein erübrigen, da eine Eröffnung der Spelzen überhaupt nicht beobachtet wurde. Alle diese Angaben hat Rimpau im Wesentlichen bestätigt gefunden. Aber nach Körnicke's Darstellung der einschlägigen Verhältnisse scheinen diese, zumal bei der Gerste, viel complicirter zu liegen, als man nach Godron's Mittheilungen erwarten sollte. Besonders wichtig wären erneute Versuche mit der schwarzen Wintergerste von Tiflis, die man nach Körnicke S. 139 willkürlich offen- oder geschlossenblüthig machen kann. Er sagt diesbezüglich: „Im Herbst gesäet öffnen sich alle Reihen, im März gesäet blüht sie cleistogamisch. Die Staubbeutel öffnen sich nämlich, während ihre Blüthen noch in den Scheiden stecken". Körnicke nimmt offenbar eine der Gerste innewohnende Neigung zum Cleistogamwerden an, wenn er weiterhin sagt: „Hier konnte also das doppelte cleistogame Blühen nicht auf Rechnung der niederen Temperatur gesetzt werden."

Der Schluss Godron's aus dem Verhalten des Weizens und der Gerste, der oben erwähnt wurde, lässt sich nach alledem etwa folgendermaassen formuliren. Der normale Zustand im heimischen Klima war das Blühen mit geöffneten Spelzen, die Cleistogamie ist ein Nothbehelf, durch welchen die Pflanzen befähigt wurden, auch unter minder günstigen klimatischen Verhältnissen dennoch zu existiren und die Früchte zur Reife zu bringen. Das normale Verhalten erforderte schönes Wetter und hohe Temperatur in der Blütheperiode, wie es bei uns nur gelegentlich, in Gegenden mit kurz dauernden Frühlingsregen regelmässig eintritt. In Folge dessen ist das Vaterland beider Getreidearten in einer klimatischen Region letzterer Art zu suchen. Und in Mesopotamien und Egypten treffen diese Voraussetzungen in exquisitem Maasse zu.

Wennschon nun auch aus anderen Gründen nicht leicht Jemand daran zweifeln wird, dass Weizen und Gerste aus Gegenden stammen, deren Klima ungefähr den Forderungen Godron's entspricht, so ist dennoch der Thatbestand bei Weitem noch nicht genügend klargelegt, um diese Art von Schlussfolgerung begründet erscheinen zu lassen. Die Möglichkeit, dass bei diesen Gattungen inhärente Neigung zur Cleistogamie bestehe, ist z. B. gar nicht erwogen. Es stimmt schlecht zu Godron's Meinung, dass nach Körnicke nicht nur die Pfauengerste, sondern auch das Hordeum hexastichum pyramidatum, soweit es aus botanischen Gärten oder aus Südeuropa bezogen wurde, unter allen Umständen cleistogamisch blühte (S. 139), während andere Sorten des letzteren in denselben Jahrgängen sich offenblüthig erwiesen. Und Godron wird durch die Art seiner Beweisführung bezüglich der Gerste zu Annahmen gedrängt, die wenig innere Wahrscheinlichkeit haben. Er sagt z. B. S. 77: „Toutefois je n'ai observé aucune espèce ou raçe de froment, offrant constamment la fécondation à huis clos, comme je l'ai constaté dans l'Hordeum zeocrithon L. Cette espèce serait elle d'origine plus méridionale que ses congénères?"

Man sieht aus der bisherigen Darstellung, wie viel wichtige und interessante Fragepunkte auf diesem Gebiete noch der Bearbeitung harren, wie dringend erwünscht erneute Beobachtungen in klimatisch möglichst verschiedenen Gebieten sein würden. Godron's bezügliche Anregung hat wenig gefruchtet, wennschon er, für vorläufige Orientirung wenigstens, S. 72 die Mittel und Wege angegeben hat, indem er sagt: „Par nos consuls et nos médecins sanitaires dans ces pays on pourrait obtenir l'envoi d'épis de blé recueillis après la fécondation, et il serait facile de constater si les anthères ont été complètement expulsées des fleurs, ce qui est l'indice certain d'une floraison normale."

Wie gering die Stützen sind, auf denen die gewöhnliche Annahme fusst, dass die Heimath des Weizens im Orient, in Mesopotamien, Kleinasien, eventuell in Egypten zu suchen, ist schon oben erwähnt worden. Sind Godron's Schlüsse auf das Klima des Heimathlandes zutreffend, so beweisen sie, wie schon angedeutet, auch nicht viel mehr, als dass dieses weder in den Tropen, noch in Europa gesucht werden darf, dass es weiter im Osten, in Asien, gelegen haben muss. Und soweit führt uns ja auch das heutige Verbreitungsareal des wilden Triticum monococcum. Wie werthlos alle übrigen in Betracht gezogenen Momente sind, geht ohne Weiteres aus dem Schlusssatz de Candolles[1] hervor, mit welchem er seine bezüglichen Betrachtungen S. 288 resumirt. Er sagt: „En résumé il est remarquable, que deux assertions aient été données de l'indigénat en Mésopotamie, à un intervalle de vingt-trois siècles, l'une jadis par Bérose et l'autre de nos jours par Olivier. La region de l'Euphrate étant à peu près au milieu de la zone de culture qui s'étendait autrefois de la Chine aux îles Canaries, il est infiniment probable qu'elle a été le point principal de l'habitation dans des temps préhistoriques très anciens. Peut être cette habitation s'étendait-elle vers la Syrie, vu la ressemblance du climat; mais à l'est et à l'ouest de l'Asie occidentale le blé n'a probablement jamais été que cultivé, antérieurement il est vrai à la civilisation connue."

Für das ungeheure Alter der Cultur unserer Brotgetreide spricht nicht am Wenigsten der Umstand, dass sie notorisch bei den ältesten Culturvölkern bereits in den Zeiten, in welche die erste Dämmerung historischer Nachrichten in der Form von Sagen heraufreicht, als Basis des Lebensunterhalts dienten, cultivirt, und mit eigenen jeweils distincten Wortstämmen bezeichnet werden. Eigene Namen finden wir für Weizen und Gerste im Sanscrit, im Egyptischen, in den semitischen Sprachen sowohl als auch im Chinesischen vor, um von den griechischen und lateinischen gar nicht zu reden, welch' letztere zwar sehr zahlreich, aber aus manchen Gründen einer sicheren Deutung fast gänzlich unzugänglich sind. Man vergl. dafür Link[1] und Pictet[1] I., S. 257. Es sprechen dafür auch die Sagenkreise, die die Alten um den Ursprung des Weizens und der Gerste gewoben haben, wonach dieselben von Isis zuerst aus Nysa in Arabien den Egyptern gebracht worden sein sollen. Man vergl. diesbezüglich Dureau de la Malle,[1] wo die verschiedenen einschlägigen Stellen des Diodorus Siculus citirt und besprochen sind.

Für die Existenz des Weizens und der Gerste im alten Egypten haben wir nun aber zweierlei zuverlässige Beweismethoden. Einmal findet man ihre Reste sowohl unter den Opfergaben der Grabkammern als auch als Beimischung zum Lehm der Ziegelsteine, dann kann man sie ferner mit einer, jeden Zweifel ausschliessenden Sicherheit in den Wandgemälden erkennen. Eine Untersuchung der Opferbrote verdanken wir R. Brown. Sie ist bei Dureau de la Malle[1] in folgenden Worten bekanntgegeben: „Dans les pains extraits des hypogées de la haute Egypte et rapportés par M. Heninken, M. Brown a trouvé plusieurs glumes d'orge entières et parfaitement semblables à celles de l'orge cultivée aujourdhui. Il à reconnu à la base de ces glumes d'orge antique Egyptien un petit rudiment dont l'existence n'est pas consignée dans les descriptions des botanistes modernes. M. Brown s'est assuré que ce rudiment se trouvait tout semblable et à la même place sur les balles de l'orge que nous cultivons. C'est une preuve sans réplique que depuis deux mille ans au moins cette espéce de Céréales n'a pas été altérée ni même modifiée par la culture dans la moindre de ses parties." Für die Ziegel liegen meines Wissens nur Unger's[1] Angaben vor, der zuerst solche der Umfassungsmauer von El Kab (Eileithyia) untersuchte, welche zwischen 2800 und 1700 v. Chr. erbaut worden sein muss. Zahlreiche Früchte, Aehrenspindeln, Spelzen und Grannen,

Halmstücke und Blattscheiden liessen sich, als von der Gerste (Hordeum vulgare L.) herrührend, bestimmen. Ein paar abweichende Aehrenspindelstücke schienen dem Weizen anzugehören. Späterhin hat Unger[3] noch Ziegel der Pyramide von Dashur bei Saqqara untersucht, die ungefähr um 3000 v. Chr. erbaut wurde. Es wurden Aehrenspindeln der Gerste mit noch ansitzenden Glumae gefunden. Diese müssen wohl ganz unzweifelhaft gewesen sein, da sogar die Speciesbestimmung als Hordeum hexastichum gewagt wird. Auf Triticum vulgare wird hier aus einer Anzahl von vorgefundenen Früchten geschlossen, die dem sogenannten kleinen Pfahlbauweizen O. Heers[1] an die Seite gestellt werden. Dass man die Spindeln von Gerste und Weizen unterscheiden kann, ist nicht zu bezweifeln, es geht auch aus der Existenz zusammenhängender Aehrenspindeln des Weizens hervor, dass Triticum dicoccum oder monococcum nicht in Frage kommen können. Aber es ist sehr zu bedauern, dass Unger sich nicht über die Mittel und Wege näher ausgesprochen hat, mittelst derer er zu besagten exacten Bestimmungen gelangt ist.

Erntebilder als Basreliefs oder als Gemälde sind in den altegyptischen Gräbern reichlich vorhanden. Die Aehren sind mehr oder minder deutlich gezeichnet, oft nur roh skizzirt (vergl. Woenig[1] S. 171); dass in manchen Fällen wirklich Weizen abgebildet werden sollte, ist zweifellos, denn neben zahlreichen begrannten Aehren, bei welchen man zwischen Gerste und Weizen zweifelhaft sein kann, kommen auch solche vor, denen die Grannen fehlen. Diese müssen auf Kolbenweizen bezogen werden; grannenlose Gersteformen sind, von dem Hordeum trifurcatum abgesehen, unbekannt. Immerhin sind auch unter den begrannten Aehren nach der Richtung der Granne in vielen Fällen Weizen und Gerste mit Wahrscheinlichkeit unterscheidbar. Als Darstellung des Kolbenweizens mag auf das Erntebild bei Rosellini, Mon. civ. T. 33, welches Thaer,[1] T. 8, f. 5 und Woenig[1] S. 151 wiedergegeben haben, und welches aus einem der ältesten Gräber von Chum el Achmar stammt, verwiesen werden. Für Grannenweizen halte ich mit Woenig[1] die von diesem S. 172 abgebildeten Aehren aus El Kab (Eileithyia), für Gerste die aus Medinet Abu (Woenig S. 152). Unsicher sind die Aehren aus Medinet Abu (Woenig[1] S. 161) die Ramses III (13. Jahrhundert a. Chr. n.) opfert. Wie weit aber derartige Darstellungen und gerade solche der vollkommensten Art zurückreichen, das zeigt sich in den Bildern des Ti Grabes zu Saqqara (Woenig[1] S. 152), welches dem dritten Jahrtausend a. Chr. n. angehört.

Nahezu eben so alt muss andererseits die Cultur des Weizens auch in China sein. Bretschneider[3] sagt diesbezüglich S. 173: „Szŭ ma tsien, the Herodotus of China in his historical work Shi-ki, written in the second century a. Chr. n., states that the emperor Shen-nung (2700 a. Chr. n.) sowed the five kinds of corn. It is known that at the vernal equinox the ceremony of ploughing the soil and sowing of the five kinds of corn are performed by the emperor assisted by members of the boards. According to the Ta-ts'ing-hui-tien, a description of the Chinese Government (chap. 250 p. c), where this ceremonial is described, the 5 corns sowed are: „tao", rice „Mai" wheat, „Ku" Setaria italica, „Shu" Panicum miliaceum, and „Shu" Soja bean. The emperor sows the rice, the three princes and the members of the board sow the remaining cereals. As I have been informed be the overseer of the Sien-nung-tang or temple of Agriculture in the southern part of the capital, where this ceremony is performed every year, the 5 cereals now used for this purpose are rice, wheat, sorgo, Setaria italica and the Soja bean." Und weiter S. 175 „Mai" Regarding the mai the Pên-t'sao*) relates after the ancient dictionary Shuo-wên (published a. D. 100) that this corn is an excellent present, which came from heaven. The Shuo-wên states that there are two kinds of Mai, the „Lai" and the „Mou", which characters often occur in the Chinese ancient books. The first denotes as the Chinese authors explain the „Siao mai" or Wheat, the second „Ta mai" or Barley. Wheat and Barley are much cultivated in the neighbourhood of Peking. The common Chinese bread is made from wheaten meal (Pai-mien)." Und bei Bretschneider[3] S. 143 ff. findet man weiterhin eine Menge Stellen aus den Wu-King oder den classischen Büchern der Chinesen zusammengestellt, in denen der Weizen unter demselben noch gebräuchlichen Namen Mai erwähnt wird. Diese Wu-King werden dem Confucius, 500 a. Chr. n. zugeschrieben, sind aber sicher viel ältere Schriften in einer aus confucianischer Zeit datirenden Redaction. Zumal der Shi-King oder das Buch der Poesie, eines dieser Wu-King kommt hier in Betracht, in dessen ältesten Theilen der Weizen bereits erwähnt wird, die vielleicht bis zum 12. Jahrhundert a. Chr. n. zurückreichen.

Auch bei Richthofen[1] finde ich einen summarischen Excurs über diesen Gegenstand I., S. 420, der mit Bretschneider's Angaben im Wesentlichen übereinstimmt. Und Zweifel an der Zuverlässigkeit der chinesischen Chronologie, wie sie vielfach ausgesprochen werden, können nach Richthofen's Ausführungen I., S. 293 im Grossen und Ganzen, da wo es auf ein Jahrhundert mehr oder weniger nicht ankommt, wie es bei unserer Frage der Fall ist, nicht in Betracht kommen. Zum wenigsten gilt dies rückwärts bis zur Zeit des Gründers der Hsia-Dynastie (2205—1767 a. Chr. n.), des Kaisers Yü.

Nach alledem darf man wohl als feststehend ansehen, dass die Weizencultur in China im dritten, in Egypten im vierten Jahrtausend a. Chr. n. bereits in ausgedehntem Maasse bestand und dass nicht der

*) Pen-t'sao-kang-mu ist eine grosse und berühmte Materia medica, welche von Li-shi-chen verfasst und 1596 dem Kaiser vorgelegt wurde. Es existiren davon mehrfache Drucke. Vergl. Bretschneider Bot. sin. I.

leiseste Anhaltspunkt vorliegt, der darauf deutete, dass sie diesen Völkern von auswärts zugeführt worden wäre. So begreiflich uns ein directer Connex der Semiten, Egypter und Arier erscheinen mag, deren Gebiete von jeher in Berührung gestanden, so wenig wahrscheinlich dürfte es sein, dass in jenen zurückliegenden Epochen der hauptsächlichsten Brotfrüchte eine von dort aus nach dem isolirten, zu Land durch weite Wüsten und Steppen geschiedenen, zur See nur auf weitem Umweg erreichbaren China gebracht worden sein sollte, nach einem Land, welches im 18. Jahrhundert a. Chr. n. bereits die künstlerisch vollendeten bronzenen Tingvasen herzustellen vermochte, wie solche Richthofen[1] I., S. 369—370 abbildet.

Sobald man aber nun eine derartige Entlehnung der chinesischen Weizencultur aus dem Westen nicht gelten lässt, wird man mit Nothwendigkeit zu der folgenden Alternative getrieben. Man muss dann entweder annehmen, dass diese Cultur auf polyphyletischem Wege zweimal an ganz verschiedenen Orten spontan sich entwickelt hat, dass die wilde Mutterpflanze im Westen sowohl als in China verbreitet war, oder dass die entfernt wohnenden Völker, die wir im Besitz derselben finden, sie als ererbtes Gut aus der Vorzeit, aus früheren einander benachbarten Wohnsitzen, in denen sie einmal entstanden war, mitgebracht haben. Sehen wir zu, ob und inwiefern uns die neuere pflanzengeographische Forschung Anhaltspunkte für die Entscheidung im Sinne der letzteren Richtung an die Hand giebt, die zweifellos a priori jedem denkenden Menschen befriedigender erscheinen muss, als die erste, die doch eigentlich nichts anderes als das Wunder postulirt.

Da ergiebt sich denn, wenn wir an das einzige noch im wilden Zustand bekannte Glied des Eutriticumstammes, das Triticum monococcum, anknüpfen, dass wir Grund genug zu der Annahme haben, dass es ursprünglich gar nicht an den Fundorten wuchs, auf denen wir es heute finden, dass es mit grosser Wahrscheinlichkeit gewandert ist und einen anderen Boden besiedelt als den, auf welchem es als Descendent einer älteren, ursprünglicheren Stammsippe den Ursprung nahm.

Die Aehnlichkeit, die zwischen vielen Bestandtheilen unserer mitteleuropäischen und solchen der mediterranen Flora besteht, die sich darin äussert, dass wir in beiden Gebieten dieselben Gattungen, nur mit anderen, einander vielfach nahestehenden, vicarirenden Arten vertreten sehen, hat die Aufmerksamkeit der Botaniker schon seit lange erregt. Aber erst auf Grund der neueren geologischen Forschungen ist es gelungen, einige Einsicht in die Gründe dieser zunächst unverständlichen Beziehungen zu gewinnen. Es ist Engler's[1] grosses Verdienst, diese, soweit es heute möglich, dargelegt und nach den verschiedensten Richtungen unter Benutzung der Gesichtspunkte anderer Autoren, zumal Heer's[1] und Christ's,[1] im Zusammenhang dargestellt zu haben. Die nachfolgende resumirende Behandlung dieses für unsere Beweisführung unentbehrlichen Gegenstandes steht wesentlich auf dem Boden des Engler'schen Werkes; dem mit dessen Inhalt vertrauten Pflanzengeographen wird sie vielleicht als überflüssig erscheinen. Da indessen bei Engler, dessen Darstellung nothwendiger Weise auf viele für uns nicht erhebliche Umstände eingehen und Rücksicht nehmen muss, die Disposition des Stoffs es bedingt, dass man die einschlägigen Thatsachen und Beweise in den verschiedensten Capiteln zusammensuchen muss, so habe ich dennoch geglaubt, die folgende Uebersicht nicht unterdrücken zu sollen.

Wir wissen, dass zur Eocänzeit die Hauptmasse Europas Festland war, dass dieses Festland im Süden von einem weiten Meer begrenzt wurde, welches den atlantischen und den indischen Ocean verband. Fossile Pflanzenreste sind desswegen nur spärlich und von verhältnissmässig wenigen Punkten bekannt, haben leider auch noch keine zusammenhängende Behandlung erfahren. Im Allgemeinen trägt indess die Vegetation (Gelinden bei Lüttich, Paris, Sézanne, Aix in Südfrankreich, Monte Bolca bei Verona) einen analogen Charakter wie die des heutigen tropischen Asiens. Tropische Baumformen: Ficus, Büttneria, Dillenia eocenica, Aralia, verschiedene Palmen und viele andere mögen als Belege erwähnt sein. Dass dieser Florencharakter bis weit in den Norden im Wesentlichen derselbe blieb, das lehren uns die etwas jüngeren oligocänen Fossilfunde aus Mitteldeutschland und aus Ostpreussen. Im Ganzen ist diese oligocäne Flora viel besser bekannt, sie ist an zahlreichen Fundorten aufgedeckt worden, von denen hier die reichsten erwähnt sein mögen, nämlich: „Häring in Tirol, Sotzka in Steiermark, Sagor in Kärnthen, Monte Promina in Dalmatien, Gargas, St. Zacharie in der Provence, Armissan bei Narbonne. Weite Gebiete des nördlichen und mittleren Deutschlands waren jetzt vom Meer bedeckt, das eocäne Mittelmeer dagegen mag in seinem Bestand noch nicht wesentlich verändert gewesen sein. Von der ursprünglichen Flora jener Epochen haben sich bei uns nur noch spärliche Reste erhalten, es sind Engler's paläotropische Elemente in der actuellen Flora des Gebiets; etwas grösser ist deren Anzahl in der Mittelmeerregion. Manche derselben sehen wir heutzutage aus dem nördlichen Gebiete dieses Areals sich zurückziehen, wofür auf die bezüglichen Beobachtungen von Martins (vergl. auch Engler[1] I., S. 50) verwiesen sein mag. Als Beispiele solcher Formen mögen genannt sein: Chamaerops, Myrtus, Ficus, Nerium, Anagyris, Ceratonia, Punica, Coriaria, Smilax (cf. Engler[1] I., S. 49), aus unserer Flora wüsste ich heute als sicherstellbares Glied besagter Genossenschaft nur den Epheu anzuführen. Es ist hier nämlich grösste Vorsicht geboten, weil man nur nach eingehenden Studien über die einzelnen Gattungen, die bislang noch fast fehlen, ein bestimmtes Urtheil erlangen kann, ob sie zu diesem paläotropischen oder zu dem tertiären Florenelemente Engler's gehören, dessen Einwanderung zur oligocänen Zeit offenbar schon begonnen hatte und sich in den höheren Ablagerungen dieser bereits sehr bemerklich macht.

Die miocäne Periode bringt grosse Veränderungen in Europa mit sich. Es zieht sich das Meer aus dem Norden Deutschlands wieder zurück, die Verbindung des indischen und atlantischen Oceans wird durch das Emportauchen Egyptens, Syriens, Persiens und Arabiens unterbrochen, das Mittelmeer wird zu einer isolirten oceanischen Bucht, die freilich dann in der Sarmatischen Stufe mit dem die Ebenen Sibiriens überspülenden polaren Ocean in Verbindung tritt. — Vergl. hierzu das bei v. Richthofen[1] Bd, I., S. 108 und 109 Gesagte. — Von nun aber beginnt unter allmählicher, von Schwankungen unterbrochener Lösung dieser Verbindung eine andauernde Verkleinerung und Aussüssung des mediterranen Beckens, als deren letzte Reste sich heute das Mittelmeer in seiner engen Begrenzung, sowie die Steppen Turans, Südrusslands und Ungarns, der Caspi- und Aral-See präsentiren. Das Schwarze Meer, ursprünglich gleichfalls zu diesen Relicten gehörig, ist in sehr junger Zeit mit dem Mittelmeer wieder in Verbindung getreten.

Schon im oberen Oligocän ist uns nun ein neues Element in unserer mitteleuropäischen Flora entgegengetreten, das tertiäre Florenelement Engler's. Während der Dauer der miocänen Periode überwuchert dieses Element mehr und mehr das paläotropische, dasselbe in südlichere Breiten zurückdrängend, sich mit einzelnen seiner Bestandtheile durchsetzend. Als Typen dieses neuen Elementes mögen die Cupuliferen unserer Wälder, die Iuglandeen, Acer, Liquidambar, Taxodium, Sequoia, Abies genannt sein. Natürlich gliedern sich diese Elemente in Specialgenossenschaften, mit südlicherem und nördlicherem Wohnsitz. Die erstaufgetretenen, schon im Oligocän vorhanden gewesenen, finden wir jetzt in südlicheren Breiten als die anderen. Dieselbe Genossenschaft in ähnlicher Vertheilung findet sich bekanntlich heute im Waldgebiet Nord-Amerikas, doch ist sie dort viel formenreicher als bei uns. Aber alle die Formen derselben, die jetzt in Europa fehlen, sind hier zur Miocänzeit reich entwickelt gewesen und haben reichliche Reste hinterlassen, sie haben sich jenseits des Oceans bis zur Jetztzeit erhalten, während sie bei uns für immer verschwunden, ausgestorben sind.

Die gleiche Pflanzengenossenschaft finden wir nun in gewissen Schichtenfolgen innerhalb des Polarkreises wieder, in Gegenden, in denen heute nur eine arktische Vegetation zu existiren vermag. Eben dieser Uebereinstimmung der beiderseitigen Floren halber hatte Heer auf miocänes Alter der arktischen Fundstellen geschlossen, zumal sich bei Unter-Atanekerdluk in Grönland an derselben Stelle in einem etwa 1000 Fuss tieferen Niveau Fossilien von cretaceischem Charakter finden.

Starkie Gardner hatte dagegen eingewandt, dass es nicht wahrscheinlich sei, dass die gleichen Floren in so verschiedenen Breiten einem gleichen Alter entsprechen, wenn man, wie es doch nicht von der Hand gewiesen werden kann, annehme, dass die Abnahme der Temperatur um den Pol die Organismen vertrieben und zur Auswanderung nach Süden gedrängt habe. Er möchte diese Fundorte lieber für eocän angesehen wissen. Es ist das ja gewiss nicht von der Hand zu weisen, allein bei der Heer'schen Fassung des Miocäns, die die ganze Schichtenfolge von Unteroligocän bis zum Pliocän in sich begreift, dürfte an sich schon Spielraum genug sein, wenn die arktischen Fundorte nur den tiefen, die südlichen den höheren Abtheilungen des gesammten Complexes angehören. Denn ob eine solche Pflanzengenossenschaft als obereocän oder unteroligocän betrachtet wird, ist doch zum guten Theil nur eine in der Nomenclatur der Ablagerungen begründete Differenz. Insofern kann man sich den Ausführungen Engler's I., S. 3 wohl anschliessen. Auf die Schwierigkeiten, die sich bei der Vergleichung der fossilen neozoischen Floren Amerikas und Japans mit denen Europas ergeben, bezüglich deren man Neumayr[1] Bd. II, S. 511, Koken[1] S. 537 und Nathorst[3] vergleichen möge, braucht an dieser Stelle, da sie unser Thema nicht tangiren, nicht weiter eingegangen zu werden.

Sehen wir von allen diesen, noch so vielfach controversen Fragen nach der Zeit oder dem Orte des Beginnes polarer Abkühlung ab, so dürfen wir doch ganz im Allgemeinen daran festhalten, dass die klimatische Differenzirung zu gegebener Zeit in der Umgebung des Pols ihren Anfang genommen habe; dass das, was wir als tertiäre Genossenschaft bezeichnen, in besagtem Abkühlungsgebiet seinen Ursprung genommen habe; dass ferner bei weiterem Fortschreiten der klimatischen Differenz besagte Genossenschaft, insofern sie zum Wandern befähigt war, nach anderen, polferneren Gebieten herabrückte; dass sie endlich, successive in unsere Gegenden und ins Mediterrangebiet fortschreitend, zur Pliocänzeit aus der polaren Region vollständig vertrieben war. Es ist also die miocäne Flora Mitteleuropas nur aus dem Kampf zu verstehen, den die eindringende tertiäre Genossenschaft mit der ansässigen paläotropischen zu führen hatte. Von den zahllosen Einzelverschiebungen von Arten und Artengruppen nach verschiedenen Richtungen, die innerhalb des Rahmens dieser im Allgemeinen äquatorwärts gerichteten Wanderung stattgehabt haben müssen, wissen wir wenig oder nichts.

Die Pliocänzeit durch weiteren Rückzug der Meeresbedeckung, durch vollständige Lösung der Verbindung zwischen Mittel- und Polarmeer, in Folge der Festlandwerdung des kaspischen Gebietes, charakterisirt, erweist sich in pflanzengeographischer Hinsicht lediglich als eine Fortsetzung der vorangegangenen Periode. In Mitteleuropa erhält sich der einmal gewordene Zustand der Dinge, nur unter steter Verarmung an paläotropischen Elementen. Wo in dem vom tertiären Element verlassenen Polargebiet Land war, wird sich damals die Entwicklung einer neuen, der arktischen Flora, aus den anpassungsfähigsten Gliedern jener Genossenschaft vollzogen haben. Doch fehlen vorerst Fossilfunde, die über deren Bildungsweise Licht zu verbreiten im Stande wären.

Eine grosse Veränderung wird in Centraleuropa erst wieder durch die diluviale Vergletscherung hervorgebracht. Von den Gebirgen Skandinaviens, von den im Laufe der miocänen Periode immer mehr emporgefalteten Alpen erstrecken die Gletscher sich herab, die Eiszeit inaugurirend. Zwischen dem eisumgürteten Rand der Alpen und der gewaltigen Landeismasse, die die Ostsee erfüllend, sich bis zum Harz und zum Thüringer Wald erstreckt, erübrigt nur ein verhältnissmässig schmaler Streifen freien Landes, auf dessen, vom eiskalten Wasser befeuchteten Boden die tertiäre Vegetation sich nicht halten kann. Da indess auch in den Nachbargebieten die Vegetation in Folge der klimatischen Veränderung beeinträchtigt wird, so kann sie auswandern, doch kann der Rückzug wesentlich nur westwärts gerichtet sein, da der Steppenboden des Ostens, kaum mehr das Meer, wie Engler meint, ihrer Ausbreitung gleichfalls unüberwindliche Schranken setzt. Einzelne viel vertragende Formen waren im Stand, sich an besonders begünstigten Stellen zu halten, und, sofern sie nicht während der interglacialen Schwankungen erlagen, unter Umständen als Colonien von Raritäten bis zum heutigen Tage zu dauern. Wulfenia carinthiaca, Cortusa Mathioli und andere dergleichen mögen wohl tertiärer, Nymphaea thermalis von Wardein wohl eher paläotropischer Abstammung sein. Viele andere mögen ganz zu Grunde gegangen sein, so z. B. Rhododendron ponticum, welches wohl zweifellos vom Pontus bis nach der spanischen Halbinsel wuchs, heute nur an den einstmaligen Endpunkten seiner Verbreitung sich erhalten hat, während der Eiszeit aber im ganzen mittleren Theil seines Gebietes ausstarb, so dass wir nur seine Blätter in der interglacialen Höttinger Breccie bei Innsbruck erhalten vorfinden. (cf. Wettstein.[1])

Die durch das Zurückweichen der tertiären Bewohner frei werdenden Räume wurden nun alsbald von der arktischen oder besser arkto-alpinen Genossenschaft eingenommen. Von einer Besprechung der Einwanderungsrouten, die diese genommen, muss hier, da sie zu weit abführen würde, abgesehen werden. Genug, dass sie da sind, dass man die Reste von Betula nana in Oberbayern, dass man die von Salix polaris und Dryas zwischen Züricher- und Bodensee nachweisen konnte. Vergl. Nathorst[1].

Als endlich nach mannigfachen Schwankungen der definitive Rückzug der Gletscher erfolgte, als somit die Herstellung der heutigen Verhältnisse begann, da musste wieder die arkto-alpine Flora das Feld räumen. Sie würde sich zweifelsohne eigenartig weiter entwickelt und den neuen Verhältnissen angepasst haben, hätte ihr Gebiet den Vorzug insularer Abgeschlossenheit gehabt. Von Südwest sowohl als von Osten her stand aber anderen Gewächsen der Zugang offen, die nicht erst eine langwierige klimatische Anpassung durchzumachen hatten, sondern einfach, die alten Besiedler überwältigend und an den Lehnen der Gebirge in die Höhe treibend, einrücken konnten. Sie setzen die heutige Vegetation unseres Gebietes zusammen, zwischen ihnen finden sich hier und da, an einzelnen Stellen, erhaltene Colonien der arkto-alpinen Flora vor, die sich dann in der Ebene eigenthümlich genug ausnehmen. Als Beispiel mögen die Gypsberge des Harzes mit Arabis alpina und Salix hastata, das Schwendimoos bei Kisslegg in Schwaben mit Rhododendron ferrugineum, der Hohenzollern mit Pedicularis foliosa erwähnt sein. Viele andere sind bei Engler zu finden.

Wir sehen nach alledem, dass unsere Flora sich zusammensetzt aus: 1. Arkto-alpinen Resten; 2. aus einer von Osten her und 3. einer von Südwesten her beim Schluss der Eiszeit eingerückten Genossenschaft; dass fast alles, was bei uns wächst, eine relativ gar kurze Vergangenheit auf unserem Boden hat, dass von einer alteinheimischen Flora gar nicht geredet werden kann. Betrachten wir nun für unsere Zwecke die ad 2 und 3 bezeichneten Einwanderungsgenossenschaften etwas näher in ihrem Bestand.

Wenn man mit Richthofen (cf. supra) annimmt, dass zur Zeit des mittleren Miocäns, die aralokaspische Senke mit dem Polarmeer vermittelst eines ausgedehnten Meeres in Verbindung stand (Engler lässt diese Meeresbedeckung noch viel länger, bis zur Pliocänperiode bestehen), dann war zu jener Zeit Westsibirien und Südrussland, ja die nördlichen Theile der Balkanhalbinsel und das ganze pannonische Becken bis Wien ein zusammenhängender Wasserspiegel; in Centralasien entsendete dieses Meer eine weite Auszweigung durch den dsungarischen Canal in das Tarymbecken und die jetzt von der Wüste Gobi eingenommene Gegend, eine Auszweigung, die bald zum Binnenmeer wurde und als Han-hai bekannt ist. Von den Ufergegenden jenes Han-hai führte in jener Zeit nur eine zusammenhängende Landverbindung nach dem Westen durch Persien und längs der afrikanischen Küste bis nach der pyrenäischen Halbinsel hin. Sie wurde begrenzt von Norden her einmal durch das Meer des pannonischen Beckens und dann durch das Mittelmeer, zwischen denen wohl eine verhältnissmässig schmale Landcommunication auf der Balkanhalbinsel gegen Norden zog. Italien war von Sicilien geschieden, dieses dagegen mit dem südmediterranen Küstenland (der jetzigen afrikanischen Küste) in Zusammenhang.

Die das Han-hai umgebenden centralasiatischen Küstenländer müssen, wie uns Richthofen lehrt, I., S. 102 ff. schon damals ein recht trockenes, aber eben in Folge der grossen Meeresbedeckung minder continentales Klima gehabt haben. Denn gegen Süden waren sie vor dem Einbruch der Regen bringenden Winde durch die uralte, himmelanstrebende Mauer des Kwen-lün geschützt, an dessen Kämmen das letzterübrigende Wasser, in Schnee verwandelt, niederfiel. Dieser Schnee aber speiste Flüsse, die den Boden mit Feuchtigkeit versahen und endlich dem Han-hai zuströmten. Richthofen sagt I., S. 205: „Der Lehmboden, welcher jetzt trocken ist, wo ihn nicht künstliche Bewässerung berieselt, konnte einen reichen Grasteppich tragen.“ Durch die fortdauernde Erhebung des dem Kwen-lün vorgelagerten Landes die zur Bildung der tibetischen Hochfläche und der gewaltigen Ketten des Himalaya führte, deren Aufrichtung noch in der Pliocänzeit andauerte, mussten aber mit Nothwendigkeit auch diese Niederschläge, die vorher noch den Kwen-lün erreichten, verloren gehen, es musste eine Einengung, ein allmähliches Verschwinden des Han-hai statthaben. Seine letzten erbärmlichen Reste haben wir heute im Lob-nor und anderen kleinen Salzsümpfen, in denen die wenigen noch vorhandenen ärmlichen Wasserläufe stagnirend enden. Ueber diese Consequenzen der successiven Erhebung der Ketten des Himalayasystems spricht sich Richthofen I., S. 206 in folgender Weise aus: „Wesentlich andere Bedingungen mussten eintreten, als das turanische Meer sich in engere Grenzen zurückzog, später von seiner Verbindung mit dem Weltmeere und dann auch mit dem Pontus abgeschlossen wurde, und das Binnenmeer sich noch weiterhin durch Verdunstung verkleinerte. Bei der sanften Verflachung des Bodens konnten wenige Jahrhunderte genügen, um zwischen den ehemaligen fruchtbaren Thalebenen und den zurückweichenden Ufern des Meeres weite sandige und salzige Landstriche zu schaffen, und durch die Wanderung des Binnensandes grosse Strecken des vormals angebauten Landes in Wüsten zu verwandeln. Mag das Erscheinen des Menschen in diesen Landschaften in grösserer oder geringerer Zeitferne zurückliegen, so fand es doch auf alle Fälle statt, als die Wasserbedeckung eine ungleich grössere als gegenwärtig war, ihr Einfluss mildernd auf das Klima wirkte und die das letztere besonders schädigende Wüstenbildung durch die Bodencultur wahrscheinlich viel weniger weit als jetzt fortgeschritten war. Ebenso musste der Rückzug des Meeres schon nach kurzer Zeit Aenderungen in der angedeuteten Richtung hervorbringen und durch deren weiteres Vorschreiten nach und nach jene Zustände der Bodenbeschaffenheit veranlassen, wie wir sie gegenwärtig finden.“

Auf die Flora der Küste des Han-hai und der den Nordwestrand des Thian-shan umziehenden Küstenländer mussten diese Veränderungen natürlich gleichfalls ihre bestimmende Wirkung äussern. Soweit sich ihre Bestandtheile nicht in Folge grosser Anpassungsfähigkeit weiter bilden und in jeweils veränderter Form erhalten konnten, mussten dieselben aus der der Wüstenbildung verfallenden Heimath hinaus centrifugirt werden, sie mussten sich auf die Wanderung begeben, sofern sie im Stande waren, den Kampf mit den die Nachbargebiete besiedelnden Gewächsen aufzunehmen. Sofern sie dies nicht konnten, mussten sie nothwendiger Weise aussterben. Im Norden und Nordwesten war nun aber Meer, vom tropischen Süden schied sie das Bollwerk des tibetisch-himalayanischen Gebirgslands, es standen ihnen demnach nur zwei Wege offen, der nach China im Osten, der früher erwähnte durch Persien und Nordafrika im Südwesten. Ihre Wanderung in letzterer Richtung wurde zweifellos durch die klimatische Aenderung begünstigt, welche sich auch in diesen Gebieten, wennschon in minderem Maasse als in Centralasien, vollzog. Sie schoben sich zwischen die paläotropischen und tertiären Elemente ein, die diese Gegenden bewohnten und prägten allmählich, indem ihre Menge fortwährend zunahm, den südlichen Mittelmeerländern bis Spanien hin den Vegetationstypus auf, den wir heute als den mediterranen bezeichnen.

Wenn somit die Auswanderung aus unserem Gebiet Centralasiens zunächst auf die angegebenen Wege beschränkt war, so stellten sich allmählich für die späterhin wandernden Pflanzen neue Wege her, in Folge der Austrocknung und nachfolgenden allmählichen Aussüssung des transuralisch-südrussischen Meeresbodens. Auf diesem neuen Weg schob sich die auswandernde Flora allmählich in direkter Linie gegen Mitteleuropa vor, auch hier die tertiäre Flora modificirend, sofern diese noch vorhanden war; die glaciale, falls diese Mitteleuropa zur Zeit ihrer Ankunft bereits besiedelte. Gegenüber Engler, der die Einwanderung dieser Elemente erst an den Schluss der Eiszeit verlegt, scheint mir A. Schulz[1] mit Recht einen viel früheren Beginn der Einwanderung, ein beständiges Ringen der eingewanderten Thermophyten, wie er sie nennt, mit den arkto-alpinen Besiedlern betont zu haben, wennschon er, meines Erachtens in viel zu weit gehendem Maasse, diesen Kampf ins Detail hinein zu verfolgen und zu belegen bestrebt ist.

Mag sich das nun im Einzelnen verhalten wie es wolle — für unsere Gesichtspunkte kommen diese Fragen nicht in Betracht — so kann in keinem Falle bezweifelt werden, dass dieses östliche Florenelement beim definitiven Rückzug des Eises in ausgiebiger Menge in Mitteleuropa einrückte oder eingerückt war, dass es sich hier mit den Einwanderern mischen musste, welche aus Südwesten kamen, während gleichzeitig die arkto-alpine Flora, die bei insularer Abgeschlossenheit sich durch Anpassung weiter entwickelt haben würde, erdrückt, oder an den Gebirgen in die Höhe getrieben wurde, wo wir sie jetzt noch vorfinden. Einzelne Relicte derselben, zumal auf Mooren Süddeutschlands, zeigen uns ihre frühere Ausbreitung ebenso wie die oben erwähnten Fossilfunde an.

Die aus dem Westen kommenden Besiedler unseres Gebietes werden natürlich die früher in dieser Richtung hinausgewanderten paläotropischen und tertiären Elemente umfassen, ihnen werden aber die typischen inzwischen aus Centralasien bis Spanien und Südfrankreich verbreiteten Mediterranpflanzen beigesellt sein. Ja, diese letzteren werden für unsere Gegenden vornehmlich in Betracht kommen, da die tertiären Elemente, durch das Seeklima begünstigt, in der Hauptmasse mehr längs der Westküste gewandert sein werden, wofür uns die Verbreitung vieler Pflanzen längs der französischen Westküste bis gegen England hin Zeugniss ablegt. Ericaarten, Lavatera arborea, Daboecia polifolia, Narthecium ossifragum, Saxifraga umbrosa, Isoëtes Duriaei, Meconopsis cambrica mögen als Beispiele genannt sein.

Die Flora Mitteleuropas erhält also ihren wesentlichen Charakter durch die Abkömmlinge Centralasiens, die von Osten und Westen her nach der Eiszeit einrückten. Dieselben oder ihre nächsten Verwandten gleichen Ursprungs sind es, die der heutigen mediterranen Flora ihr Gepräge geben. So erklärt sich denn die Aehnlichkeit beider Florengenossenschaften von der wir den Ausgang nahmen, in verhältnissmässig einfacher Weise.

Es ist nun nach jeder Richtung hin überaus wahrscheinlich, dass das Triticum monococcum zu dieser von Osten nach Westen gewanderten Florengenossenschaft gehört, und dass also die Wiege unseres Eutriticumstammes in Centralasien gestanden habe. Sein Verbreitungsgebiet liegt gerade in den Gegenden, durch welche der Strom dieser Wanderung vornehmlich gegangen ist; ausschliesslich, so lange die Seen und Steppen des heutigen Russlands noch unpassirbar waren. Wie so viele der in gleicher Lage befindlichen Pflanzen ist es, freilich aus nicht mehr eruirbaren Gründen, wohl auf die Balkanhalbinsel, aber nicht mehr weiter westlich vorgedrungen. Und seine klimatischen Anpassungen entsprechen eben wiederum denen des Gros jener Genossenschaft, für die wir besagten Wanderungsweg postuliren müssen.

Wenn nun der Wohnsitz des Eutriticumtypus, ursprünglich in Centralasien gelegen, sich allmählich in solcher Weise gegen Westen verschob, so kann man doch nicht annehmen, dass die jüngeren Derivatformen, Triticum dicoccum, Spelta, vulgare, zur Zeit des Beginnes dieser Wanderung nicht schon entwickelt gewesen wären. Sie müssen eben, wenn unsere früher gezogenen Schlüsse bezüglich des Ursprungs der chinesischen Weizencultur richtig, schon in der Urheimath vorhanden gewesen sein, sie müssen dort der Cultur unterworfen und mit dem Menschen bei der allmählichen Verschlechterung der Existenzbedingungen ihrer sowohl als des letzteren nach West und

Ost auf offen stehenden Wegen hinauscentrifugirt worden sein. In anderer Weise lässt sich eben der Gemeinbesitz der Weizencultur bei den Völkern des Westens und den Chinesen gar nicht erklären. Auch hier befinde ich mich in vollkommener Uebereinstimmung mit Richthofen's Darlegungen. Man wolle dafür den Abschnitt Bd. I, S. 404—425 vergleichen, der von dem Gemeinbesitz astronomischer Kenntnisse, Culturen und Künste bei den Chinesen und Abendländern handelt. Auf S. 144 sagt er ausdrücklich: „dagegen würde das Problem sich gleichsam von selber lösen, wenn es gelänge, nachzuweisen, dass einige der Völker, welche im Besitz des Mondstationenkreises waren, von einem gemeinsamen Centralsitz aus nach verschiedenen Richtungen hin von einander fortgewandert sind; denn dann konnten sie das entweder gemeinsam ausgebildete oder von einem unter ihnen erfundene und von den Nachbarn übernommene System selbst nach fernen Gegenden tragen, es dort fortentwickeln und an andere überliefern." Dass die Chinesen selbst das Volk waren, das die Ueberbringung gegen Osten bewirkte, hat weiterhin Richthofen zu grosser Wahrscheinlichkeit gebracht. Denn alles scheint dafür zu sprechen, dass diese einst ihre Wohnsitze im Tarymbecken hatten und Nachbarn der Arier und Skythen waren.

Viel schwieriger steht es um die Frage, welche Volksstämme es waren, die den Getreidebau zuerst nach dem fernen Westen übertrugen. Da muss zunächst die sehr merkwürdige Thatsache gebührend hervorgehoben werden, dass von allen bekannten Weizenbauländern dasjenige, welches die eigenthümlichsten Varietäten oder Cultursorten bietet, das im fernen Süden gelegene Abessinien ist. Eine botanische Vergleichung dieser merkwürdigen, aus unseren Gärten leider verschwundenen Getreidesorten Abessiniens mit denen von Central-China könnte möglicher Weise die überraschendsten Resultate bringen. Aber leider ist heute solche Vergleichung unmöglich, da, wie es scheint, nirgends etwas über die in China gezogenen alten Weizenformen in Erfahrung gebracht werden kann. Alle meine diesbezüglichen Erkundigungen wenigstens sind ohne Ergebniss geblieben. Wenn unsere Anschauungen begründet sind, dann wird man gerade auch in China ganz abweichende, eigenthümliche Sorten erwarten dürfen; es wird nicht befremdlich erscheinen, wenn wir solche an den beiden Polen des jetzigen Culturgebietes, die beide notorisch seit lange in grosser Abgeschlossenheit sich befinden, in denen also die Pflanzen in langer Isolirung sich ungestört nach verschiedener Richtung weiter bilden konnten, vorfinden. Möchten doch die Erforscher jenes Landes uns bald, bevor es für immer zu spät, das nöthige Material für die Behandlung der einschlägigen, so unendlich wichtigen Fragen zu Gebot stellen.

Mit der Frage, von wem die alten Egypter den Weizen erhielten, stehen wir vor einem unlösbaren Räthsel. Denn dass sie selbst ihn von dem Heimathsgebiet wie die Chinesen mitgebracht haben sollten, dafür scheinen keine Anhaltspunkte vorzuliegen. Wenn sie ihn aber schon im vierten Jahrtausend vor Christo im heutigen Egypten besassen, so können sie ihn doch wohl kaum von den Semiten oder Ariern erhalten haben. Wir werden durch solche Betrachtungen eben dahin gedrängt, der Cultur ein viel höheres Alter zuzugestehen, als man es gewöhnlich zu thun geneigt ist. Und wer weiss, ob es nicht einstens gelingen wird, Spuren jener von uns supponirten, den Vorfahren gewisser westlicher Stämme sowie der Chinesen gemeinsamen Culturstufe in den Gebirgsthälern des Kwen-lün oder Thian-shan in, man möchte sagen, fossilem Zustand zu entdecken, in eben den Gegenden, wo auch die Auffindung uralter tertiärer Menschenreste wohl eher zu erwarten sein dürfte, als in der kleinen westlichen Halbinsel des grossen Continents, die Europa genannt wird.

Ich habe oben wahrscheinlich zu machen versucht, dass zur Zeit der Inculturnahme des Weizens die Differenzirung des Eutriticumstammes schon stattgehabt haben müsse. Eine andere Frage ist es freilich, ob damals alle die Formen schon vorhanden waren, die wir heute als Arten zu unterscheiden gewohnt sind, ob nicht deren Entwicklung ganz oder zum Theil durch die Cultur, oder besser unter dem von dieser gewährten Schutz vor sich gegangen ist; mit anderen Worten, ob es neben den, im ungestörten natürlichen Verlauf der Dinge entstandenen, auch Culturspecies unter den Eutritica giebt. Wenn die Pflanzen, durch die äusseren Verhältnisse bedrängt, ihre Wohnsitze wechseln, so müssen sie natürlicher Weise den Kampf mit der Vegetation aufnehmen, die die Gebiete, in welche sie eindringen, besiedelt. Vermöge ihrer verschiedenartigen Anpassung werden von den verwandten Arten ein und derselben Gruppe die einen siegreich vordringen, die anderen, die das nicht vermögen, unterdrückt werden, aussterben. Von unserer Eutriticumgruppe gehören Triticum monococcum zu der einen, die Stammpflanzen der cultivirten Weizenarten zu der anderen Kategorie. Wenn uns deren Descendenz nichtsdestoweniger erhalten geblieben ist, so danken wir dies nur der Cultur, die fortwährend die schädlichen Einflüsse beseitigte. Dasselbe gilt ja, wie oben S. 12 erwähnt, von allen unseren Ackerunkräutern. Entstehen nun im Laufe der Zeit Abänderungen, so werden diese durch natürliche oder künstliche Zuchtwahl erhalten, sie können sich auf demselben Wege weiter differenziren. Ob dies nach D a r w i n durch richtungslose Variation oder nach N ä g e l i[1] auf dem Wege der inhärenten Progression zu Stande kommt, ist für unsere Frage nicht von grossem Belang. Denn wir wissen, dass consequente Anwendung der Zuchtwahl seitens des Menschen, die in der Cultur entstandenen Raçen, die doch im natürlichen Lauf der Dinge nicht lebensfähig sind, durch unbeschränkte Reihen von Generationen erhalten kann und dass ihre

Charaktere dann zu merklicher Constanz gebracht werden können. Wird nun die Cultur durch Zeiträume von solcher Dauer fortgesetzt, dass die Progression, an den Complex erworbener und erhaltener Eigenschaften ansetzend und ihn fixirend, platzgreifen kann, dann muss auch unter den Voraussetzungen Nägeli's vollkommene Constanz dieses Complexes, d. h. Artbildung eintreten. Wennschon wir nun Nägeli zugeben müssen, dass das bei vielen von Darwin für seine Beweisführung verwendeten Fällen noch nicht erreicht ist, so könnte dennoch gerade bei manchen der uralten Getreidearten dieser Fall vorliegen; wir könnten in ihnen Species besitzen, die, ganz unter dem Einfluss menschlicher Cultur entstanden, dieser nicht zu entrathen vermögen und der wilden Vegetation aller Länder ganz hülflos preisgegeben sein würden. Wenn dann im ursprünglichen Heimathsgebiet die zur Wanderung nicht befähigte Stammform ausstarb, so konnte nur eine Descendenzgruppe von Culturspecien in dem im bisherigen gegebenen Sinne dieses Worts erübrigen.

Mir ist es nun nicht unwahrscheinlich, dass es sich beim Weizen und wohl auch bei der Gerste in der That so verhält.

Litteratur

zum Abschnitt über den Weizen.

Askenasy, E. [1] Ueber das Aufblühen der Gräser. Verhandlungen des naturhistorisch-medicinischen Vereins zu Heidelberg. Neue Serie, Bd. II, Heft 4; cf. Botanische Zeitung 1880, S. 159.

Batalin, A. [1] Das Perenniren des Roggens. Acta horti Petropolitani, Bd. XI (1890), No. 6; Referat im Botanischen Centralblatt 1891, Beiheft S. 79.

Beyerinck, M. W. [1] Ueber die Bastarde zwischen Triticum monococcum und Triticum dicoccum. Nederlandsch kruidkundig Archief, ser. II, deel IV, st. 4 (1886), S. 455.

[2] Ueber den Weizenbastard Triticum monococcum ♀ × Triticum dicoccum ♂, Nederlandsch kruidkundig Archief, ser. II, deel IV, st. 1 (1884), S. 189.

Bretschneider, E. [1] Botanicon sinicum. Notes on Chinese botany from native and western sources. Journal of the North China branch of the Royal Asiatic Soc. v. XVI (1881), S. 18 ff.

[2] Botanicon sinicum. Notes on the Chinese botany from native and western sources. Part. II, with annotations etc. by Ernst Faber. Shanghai 1892, S. 4 ff.; S. 143 ff.

[3] The study and value of Chinese botanical works. Chinese Recorder and Missionary Journal, Bd. III, Foochoo 1871, S. 157, 172, 218, 241, 264, 281.

de Candolle, A. [1] Origine des plantes cultivées. 1883.

Christ, H. [1] Ueber die Verbreitung der Pflanzen in der alpinen Region der Alpenkette. 1860.

Delpino, F. [1] Sulla dicogamia vegetale e specialmente su quella dei Cereali. Bollettino del Comizio agrario Parmese 1871.

Dunal, F. [1] Courte introduction au travail de M. E. Fabre d'Agde sur la metamorphose des Aegilops en Triticum (vide E. Fabre).

Dureau de la Malle. [1] Histoire ancienne, origine et patrie des Céréales et nommément du blé et de l'orge, Ann. sc. nat. ser. I v. IX (1826), S. 61—82.

Engler, A. [1] Versuch einer Entwicklungsgeschichte der Pflanzenwelt. Leipzig 1879.

Fabre, E. [1] Des Aegilops du midi de la France et de leur transformation en Triticum (blé cultivé). Extraits des procès verbaux des séances de l'Acad. des sc. et lettres de Montpellier 1850—51.

Godron, D. A. [1] Quelques notes sur la flore de Montpellier. Mém. de la soc. d'émulation du Doubs Besançon. 1854.

Godron, D. A. [2] De la fécondation naturelle et artificielle des Aegilops par le Triticum. Ann. sc. nat. ser. IV t. II (1854), S. 215.

[3] De l'Aegilops triticoides et de ses différentes formes. Ann. sc. nat. ser. IV t. V (1856) S. 74.

[4] Histoire des Aegilops hybrides. Mém. de l'Acad. de Stanislas 1869.

[5] Nouvelles expériences sur l'Aegilops triticoides. Mém. de l'Acad. de Stanislas 1858, S. 33.

[6] Des hybrides végétaux considérés au point de vue de leur fécondité et de la perpétuité on non perpétuité de leurs caractères. Ann. sc. nat. ser. IV, t. 19 (1863), S. 63.

[7] Nouveaux faits relatifs à l'histoire des Aegilops hybrides. Mém. de l'Acad. Stanislas 1861, S. 21.

[8] Un nouveau chapitre ajouté à l'histoire des Aegilops hybrides. Mém. de l'Acad. Stanislas 1876.

[9] Des cultures d'Aegilops speltaeformis faites par M. Durieu de Maisonneuve et de leur résultats. Mém. de l'Acad. Stanislas 1877.

[10] De la floraison des Graminées. Mém. de la soc. des sc. nat. de Cherbourg, Vol. VII (1873).

[11] Nouvelles expériences sur l'hybridité dans le regne végétal faites pendant les années 1863, 64 et 65. Mém. de l'Acad. Stanislas 1865.

Grönland, J. [1] Note sur les hybrides du genre Aegilops. Bull. de la soc. botan. de France Vol. VIII (1861), S. 612.

[2] Einige Worte über die Bastardbildungen in der Gattung Aegilops. Pringsheims Jahrbücher, Bd. I (1858), S. 514.

Heer, O. [1] Die Pflanzen der Pfahlbauten. An die züricherische Jugend auf das Jahr 1866 von der Naturf.-Gesellschaft. Stück LXVIII.

Hildebrand, F. [1] Ueber die Bestäubungsverhältnisse bei den Gramineen. Monatsbericht der Berliner Akademie 1872, S. 737.

Jordan, A. [1] Remarques sur le fait de l'existence en société à l'état sauvage des espèces végétales affines etc. Congrès de l'Association française pour l'avancement des sciences, session II, Lyon 1873.

[2] Mémoire sur l'Aegilops triticoides et sur les questions d'hybridité et de variabilité spécifique qui se rattachent à l'histoire de cette plante. Ann. sc. nat. ser. IV (1855), S. 295.

[3] Nouveau mémoire sur la question relative aux Aegilops triticoides et speltaeformis. Ann. de la soc. Linnéenne de Lyon, nouv. sér. Tome IV (1857).

Körnicke, F. [1] Die Arten und Varietäten des Getreides. Bonn 1885.

Koken, E. [1] Die Vorwelt und ihre Entwicklungsgeschichte. Leipzig 1893.

v. Liebenberg. [1] Versuche über die Befruchtung bei den Getreidearten. Journal für Landwirthschaft von Henneberg und Drechsler, Jahrgang 28 (1881), S. 139.

Liebscher. [1] Die Erscheinungen der Vererbung bei einem Kreuzungsproduct zweier Varietäten von Hordeum sativum. Jenaische Zeitschrift für Naturwissenschaft. Bd. 23 (1889), S. 215.

Link, H. F. [1] Ueber die ältere Geschichte der Getreidearten. Abhandlungen der Berliner Akademie. 20. März 1817, 9. November 1826.

Martins, Chr. [1] Sur l'origine paléontologique des arbres, arbustes, et arbrisseaux indigènes du Midi de la France, sensibles au froid dans les hivers rigoureux. Mém. de l'Acad. de Montpellier Vol. IX (1877), S. 87.

v. Nägeli, C. [1] Mechanisch-physiologische Theorie der Abstammungslehre 1884.

Nathorst, A. [1] Sur la distribution de la végétation arctique en Europe au nord des Alpes pendant la période glaciaire. Arch. des sc. physiques et nat. de Genève, nouv. sér. Vol. 51 (1874), S. 52.

Nathorst, A. [2] Zur fossilen Flora Japans. Paläontologische Abhandlungen, herausgegeben von W. Dames und E. Kayser, Bd. IV, Heft 3, Berlin 1888.

Neumayr, M. [1] Erdgeschichte. Bd. II, Leipzig 1887.

v. Richthofen, F. [1] China. Bd. I, 1877.

Rimpau, W. [1] Züchtung neuer Getreidevarietäten. Landwirthschaftliche Jahrbücher, Bd. VI, Berlin 1877, S. 193 ff.

[2] Das Blühen des Getreides. Landwirthschaftliche Jahrbücher, Bd. XI (1882).

[3] Kreuzungsproducte landwirthschaftlicher Culturpflanzen. Landwirthschaftliche Jahrbücher, Bd. 20 (1891), p. 335.

[4] Die Selbststerilität des Roggens. Landwirthschaftliche Jahrbücher, Bd. VI (1877).

Schulz, A. [1] Grundzüge einer Entwicklungsgeschichte der Pflanzenwelt Mitteleuropas seit dem Ausgang der Tertiärzeit. Jena 1894.

Schweinfurth, G. und Ascherson, P. [1] Primitiae Florae Marmaricae. Bull. de l'herb. Boissier Vol. I, 1893, S. 677.

Solms-Laubach, H., Graf zu. [1] Die Herkunft, Domestikation und Verbreitung des gewöhnlichen Feigenbaumes (F. Carica L.) Abhandlungen der königlichen Gesellschaft der Wissenschaften zu Göttingen Vol. 28 (1882),

[2] Ueber die Beobachtungen, die Herr Gustav Eisen zu San Francisco an den Smyrnafeigen gemacht hat. Botanische Zeitung, t. 51, 1893, Abtheilung I, S. 81 ff.

Thaer, A. [1] Die altägyptische Landwirthschaft. Landwirthschaftliche Jahrbücher, Bd. X (1881).

Trabut, L. [1] Notes agrostologiques. Bull. de la soc. bot. de France, ser. II, Vol. XI (1889), S. 404.

Unger, F. [1] Botanische Streifzüge auf dem Gebiet der Culturgeschichte. V. Inhalt eines alten ägyptischen Ziegels an organischen Körpern. Sitzungsbericht der Akademie zu Wien, mathematisch-naturwissenschaftliche Classe, Bd. 45, Abtheilung II, S. 75.

[2] Botanische Streifzüge auf dem Gebiet der Culturgeschichte. VII. Ein Ziegel der Dashurpyramide in Ägypten nach seinem Inhalt an organischen Einschlüssen. Sitzungsbericht der Akademie zu Wien, mathematisch-naturwissenschaftliche Classe, Bd. 54, Abtheilung I, S. 33 ff.

de Vilmorin, H. [1] Essais de croisement entre blés différents. Bull. de la soc. bot. de France, Tome 27 (1880), S. 356.

[2] Note sur un croisement entre deux espèces de blés. Bull. soc. bot. de France, Tome 27 (1880), S. 73.

[3] Expériences de croisement entre des blés différents. Bull. soc. bot. de France, Bd. 35 (1888), S. 49.

v. Wettstein, R. [1] Die fossile Flora der Höttinger Breccie. Denkschriften der mathematisch-naturwissenschaftlichen Classe der k. k. Akademie zu Wien, Bd. 59 (1892).

Wilson, A. Stephen. [1] On wheat and rye hybrids. Transact. and Proceed. bot. Soc. of Edinburgh Vol. XII (1876), S. 286 ff.

Woenig, F. [1] Die Pflanzen im alten Ägypten. Leipzig 1886, S. 151 ff.

II.

Die Geschichte der Tulpen

in

Mittel- und Westeuropa.

I. Die Feldtulpen.

Unter den wilden Tulpen Mittel- und Westeuropas müssen für unsere Zwecke zwei Gruppen unterschieden werden, einmal nämlich der alte eingeborene Verwandtschaftskreis der Tulipa silvestris und dann die rothblühenden Formen, die nachweislich erst seit dem 16. Jahrhundert bei uns eingedrungen oder aufgetreten sind.

Was zunächst die gelben Wildtulpen betrifft, die sich um unsere bekannte Tulipa sylvestris gruppiren, so sind diese im ganzen westlichen Mittelmeergebiet bis Griechenland unzweifelhaft einheimisch; sie stehen einander ausserordentlich nahe, so dass eine sichere Beurtheilung derselben nur durch Vergleichung im lebenden Zustand zu erreichen sein dürfte. Sie zeichnen sich im Allgemeinen durch einen zarten Wohlgeruch aus, der indessen, von sehr wechselnder Intensität, bei manchen dahin gehörigen Formen ganz oder fast ganz fehlt. Levier[8] unterscheidet die folgenden Formen: 1. Tulipa australis Link. Unter dieser Bezeichnung werden die kleinblumigsten Varianten vereinigt, nämlich Tulipa Celsiana DC., aus Südfrankreich, den Seealpen und den Apenninen Toscanas, Tulipa transtagana Brot. aus Portugal und Spanien, Tulipa fragans Munby aus Nordafrika; 2. Tulipa alpestris Jord. aus den Savoyer Alpen; 3. Tulipa Grisebachiana Pantocsek aus der Herzegowina; 4. Tulipa Biebersteiniana aus Südrussland; 5. Tulipa silvestris. Dazu kommt endlich noch die durch das Vorhandensein eines purpurnen Basalflecks auffallend abweichende griechische 6. Tulipa Orphanidea Boiss. Von allen diesen Formen hat heute die Tulipa silvestris bei Weitem den grössten Verbreitungsbezirk, indem sie durch ganz Italien, Frankreich und Deutschland bis zum südlichen Schweden und England wächst und nach Levier[8] auch in Griechenland (Attika und Laconien) vorkommt. Während aber ihre Verwandten ursprüngliche, nicht durch die Cultur veränderte Standorte bewohnen, ist sie bei Weitem in den meisten Gegenden ihres Verbreitungsgebietes nur auf urbar gemachtem Boden, in Weinbergen, Feldern, Parkanlagen und deren Nachbarschaft zu suchen. Nur in

Griechenland, Sicilien und bei Montese im bolognesischen Apennin ist sie bis jetzt auf ursprünglichen Standorten gefunden worden (Levier[3]).

Bezüglich ihres Indigenats in den nördlichen Theilen des Verbreitungsbezirks, in England und Norddeutschland, haben immer Zweifel bestanden, wie sie denn auch de Candolle 1855[1] unter den Pflanzen „de naturalisation à petite distance“ mit Fragezeichen anführt. Aber Caruel[3] hat 1879 mit Bestimmtheit erwiesen, dass sie auch in Gegenden, für die solche Zweifel niemals bestanden, wie in Toscana, eine verhältnissmässig recente Bereicherung der Flora darstellt. Denn Cesalpino weiss 1583 keinen anderen Standort für die bei ihm als „Lonchitis“ bezeichnete Pflanze als „oritur in Appennino apud Bargenses“ (bei Barga im oberen Serchiothal). Und Lobel[1] kennt sie 1576 nur aus der Gegend von Bologna, er führt sie S. 61 als Lilionarcissus Bononiensis luteus auf. Und Clusius,[1] der sie S. 150, im Gegensatz zu der als Tulipa Narbonensis bezeichneten ähnlichen Tulipa Celsiana, Tulipa apenninea nennt, sagt ausdrücklich: „nascitur plurima in Apennino unde erutam memini Bononia ad nos ante multos annos mittere C. V. Ulyssem Aldrovandum Bononiensem professorem“ etc. Und dieser Name der Bologneser Tulpe ist ihr dann bei den Schriftstellern des 17. Jahrhunderts durchweg erhalten geblieben, wie sie denn Parkinson S. 51[1] „Tulipa boloniensis flore luteo“ und ebenso J. Bauhin[1] II, S. 678 nennen. In Florenz befindet sich nun ein handschriftlicher Catalogus plantarum in agro Florentino sponte nascentium, der von Micheli um die Wende des 17. Jahrhunderts sehr sorgfältig ausgearbeitet wurde, und da dort nur ein einziger unmittelbar vor den Thoren der Stadt gelegener Fundort unserer Tulpe angegeben wird, so muss die jetzt und schon zu Reboul's[3] Zeit um Florenz und Lucca äusserst gemeine Pflanze damals noch eine Seltenheit gewesen sein. Aus dem Vergleich dieser Thatsache mit den Angaben des Cesalpin hat Caruel[1 u. 3] seinen zweifelsohne vollberechtigten Schluss gezogen.

Wenn nun aber die Feldtulpe, von einem Punkt ausgehend, erst im 17. Jahrhundert begonnen hat, sich in Italien zu verbreiten, so werden die Zweifel an ihrem Indigenat in den nördlich der Alpen gelegenen Ländern dadurch in verstärktem Maasse wachgerufen. Da war es denn ein verlockender Gedanke, zu sehen, ob sich nicht aus dem Vergleich der zuverlässigeren Florenwerke verschiedenen Alters weitere Beweismittel für ein ähnliches Verhalten in diesen Gegenden gewinnen lasse. Eine derartige Beweisführung kann hier, bei der Auffälligkeit der in Frage stehenden Blume und der Unmöglichkeit einer Verwechslung mit anderen, wenn irgendwo überhaupt mit der Hoffnung eines Erfolges, angetreten werden.

Im oberen Rheinthal hat die gelbe Tulpe heute eine sehr ungleichartige Verbreitung. In Baden wächst sie nur spärlich in der Bodenseegegend, ein paar wenigen Orten der Vorhügel des Schwarzwaldes und bei Heidelberg, sie fehlt der Flora von Freiburg vollständig (Schildknecht 1863); im Elsass ist sie viel häufiger, sie ist den Weinbauern der Gegend von Colmar als unausrottbares Unkraut verhasst. Auch in den Weinbergen von Mühlhausen, des Unterelsass, ist sie an vielen Stellen vorhanden (vergl. Kirschleger 1852—1858). Für Heidelberg ist sie im Jahre 1782 bereits nachzuweisen (cf. Gattenhof). Im Oberelsass dagegen ist sie erst 1794 entdeckt worden, wie Hermann in einer von Kirschleger erwähnten und von mir auf hiesiger Bibliothek verglichenen handschriftlichen Notiz seines Exemplars des Mappus bezeugt. Es heisst da „Odorata est. In quibusdam vineis inter Niedermorschwihr et Ingersheim adeo frequens est, ut floris tempore solum flavedine tactum sit. Ut Hyacinthus botryoides mala herba, Bartholdy und „Miror Hallerum" dubitare indigenam esse. Miror Mappum, qui Alsatiam superiorem frequentius adiisse videtur non habere. Copiose crescit ad Colmariam in den Rebstücken auf dem Türckheimer Berg gegen dem Katzenthal, hinter Ingersheim, ubi Holtz, amicus filii detexit 1794". Aus dieser Stelle geht zunächst hervor, dass sie damals im Unterelsass noch nicht bekannt war, wo sie doch heute, z. B. bei Oberehnheim und Mittelbergheim, ja in nächster Nähe von Strassburg, bei Kolbsheim, aufs Reichlichste vorkommt. Sie muss ferner zur Entdeckungszeit bei Niedermorschwihr schon längere Zeit existirt haben, wenn sie mit ihren Blüthen die ganzen Weinberge gelb färben konnte. In der benachbarten Schweiz war sie damals noch kaum verbreitet, sonst würde Haller 1768 an der von Hermann citirten Stelle nicht gesagt haben: „Non credo veram esse civem, etsi passim in pratis circa urbem reperitur. Cum tamen Linnaeus inter indigenas enumerat non visum est patriae hoc ornamentum negare. In prato plano et regione urbis, im alten Berg." Von der hier angezogenen Stelle aus L. fl. Suec. 1755 wird nachher noch geredet werden müssen. Und von wo ihre Verbreitung im Oberrheinthal den Ausgang genommen, das ist deutlich aus J. Bauhin[1] zu ersehen, wo dieser Vol. II, S. 678 sagt: „Nobis floret Monbelgardii mense Aprili in horto illustrissimi Principis cum binis floribus in uno caule, magnis, luteis, qui diu durant, postea oriuntur magni calices. Missi bulbi ab Ill. Guilelmo Landgravio nomine Tulipa bononiensis, videram alias Bononiae in horto S. Salvatoris . . . . . . facilius caeteris apud nos videtur multiplicari nec facile perire". Das ist 1651 geschrieben; in Bologna wurde sie schon zu Mattiolis[1] Zeit, um 1586, als Gartenblume gezogen, desgleichen 1599 in Luzern von Cysat.[1]

Für Württemberg finde ich bei Martens und Kemmler 1865 eine Anzahl sehr verdächtiger Standorte angeführt, z. B. Ulm. Für die Flora dieser Stadt wird die Tulpe von Leopold 1728 nicht angegeben.

Im eigentlichen Bayern fehlt sie nach Sendtner (1854) noch heute gänzlich; für Franken, wo sie heute wachsen wird, hat Volkamerus 1700 nur die Angabe „Tulipa boloniensis lutea; in hortis". Bei Frankfurt a. M. wuchs sie Ende des vorigen Jahrhunderts in Grasgärten. Reichard J. J. 1772—1778, desgleichen bei Giessen 1802 (nach Gärtner Meyer und Scherbius), aber nur am Wall zwischen Wallthor und Neustädter Thor, was die unmittelbare Nachbarschaft des botanischen Gartens bedeutet. Dillenius 1717 dagegen weiss von ihr noch nichts.

Bei Halle und Leipzig kennen die älteren Autoren sie nur als Gartenpflanze, Knauth hat sie 1681 gar nicht, Buxbaum 1721 und Böhmer G. R. 1750 ebensowenig, bei Baumgarten dagegen 1790 heisst es S. 19 „In Italia, Gallia, Sibiria, et nonnullis Germaniae regionibus sponte crescit, apud nos in hortis inter sequentem occurrit et ob gratum odorem ab hortulanis maxime colitur." Bei Jena, wo sie von Bogenhard 1850 ohne Weiteres als wilde Pflanze aufgezählt wird, war sie bis zur Mitte des vorigen Jahrhunderts noch nicht vorhanden, wie aus Ruppius hervorgeht. In dessen beiden ersten Editionen fehlt sie ganz, in der von Albrecht v. Haller besorgten dritten von 1745 heisst es bloss: „in hortis frequens, cum aliis variis et fere infinitis Tuliparum praecocium pariter atque serotinarum speciebus". Auch Graumüller 1803 hat sie noch nicht. Bei Göttingen kannte sie Zinn 1757 nur „in pomario Catlenburgensis praefecturae quasi spontanea". Ascherson 1864 sagt: „In unserem Gebiet nicht einheimisch, wie schon in den Oderwäldern Schlesiens und im Königreich Sachsen, sondern nur in Folge früherer Cultur verwildert." Aber Mattuschka 1777 kennt sie in Schlesien gar nicht, bezeichnet als „wilde Tulpe" vielmehr die Anemone vernalis. Noch 1857 hat Wimmer als Fundort nur „Grasgärten". Was Oesterreich angeht, so hat sie Jacquin 1762 noch nicht und Host weiss 1797 als Standorte nur den Monte Maggiore bei Fiume und die Gartenanlagen der Umgegend von Wien zu nennen. Ein paar weitere Fundorte hat Neilreich 1866, der indess bereits an der Spontaneität der Tulpen in den Wiener Parkanlagen zweifelt.

Nach Haller's oben citirter Angabe endlich sollte man glauben, Linné habe die Tulipa silvestris für eine einheimische Pflanze gehalten, es ist aber das Gegentheil der Fall, denn in der Fl. suecica, ed. II, 1755 heisst es S. 106: „Habitat circa Lundinum Scaniae et ad urbes varias passim, ex hortis non pridem aufuga", also etwa „unlängst aus den Gärten entwichen". Um so wunderbarer ist, dass E. Fries, Fl. Scaniae 1835, S. 170 dieselbe falsche Uebersetzung des Linné'schen Passus hat, wie A. v. Haller, da er schreibt: „in aggeribus, pomariis etc. innumeris locis abundantissima, primo vere segetis instar stipata, sed rarius florens et brevi marcescens. Cum in aggeribus et pratis suburbanis ad Malmö et Lund nulla planta verno tempore copiosior, jam ante saeculum Linnaeus, quod geographicae rationes tamen dissuadent, haud advenam declaravit. Nullibi tamen hoc temporis colitur".

Von den älteren französischen Floren können wegen der Verwechslung der echten Tulipa silvestris mit der im Süden heimischen T. Celsiana nur die der Pariser Gegend für unsere Zwecke in Betracht kommen. Da zeigt sich, dass sie bei Vaillant 1723 und bei Dalibard 1749 fehlt, bei Bulliard 1776—1780 ohne Weiteres als wild angegeben wird.

In England wächst Tulipa silvestris, zumal auf Kreideboden, in Norfolk und Suffolk, und Hooker 1870 meint, sie sei hier „possibly wild". Auch in Smith Fl. brit. 1800—1804 finde ich keinen Zweifel an ihrem Indigenat ausgesprochen, dagegen fehlt sie in Hudsons Fl. Anglica vom Jahre 1762 gänzlich.

Hält man nun alle diese Angaben der Floristen zusammen, so ist es ganz unmöglich zu zweifeln, dass Tulipa silvestris sowohl in Deutschland und Frankreich, als auch in Schweden und England nicht ursprünglich heimisch, ihre Ausbreitung ziemlich gleichzeitig im Laufe der zweiten Hälfte des vorigen Jahrhunderts vollzogen hat. Und zwar ist es höchst charakteristisch, dass sie keineswegs schrittweise successive nordwärts, etwa wie Senecio vernalis, und Puccinia malvacearum westwärts vorgedrungen ist, vielmehr überall ziemlich gleichzeitig, ja sogar in Schweden früher als im mittleren Deutschland erscheint. Das hängt einfach mit ihrer Verbreitungsweise von vielen Centren — den botanischen und Liebhabergärten der betreffenden Länder — zusammen, in welche sie durch Pflanzenhandel und Tausch lange vor ihrer Verwilderung allgemein verbreitet worden war. Denn dass sie allgemein, selbst in Italien, der Gartencultur unterlag, steht zur Genüge fest und wird für Bologna von Mattioli,[1] von Ruppius 1745 für Jena, von Baumgarten 1790 für Leipzig, von v. Bergen 1750 für Frankfurt a. O. bestimmt angegeben. Wenn uns das heute einigermaassen verwunderlich vorkommt, da der schwache Geruch uns kaum zu ihrer Cultur verlocken würde, so erscheint die Sache doch in einem anderen Licht, wenn man bedenkt, dass die Tulpen in jenen Zeiten zu den Modeblumen gehörten, von denen Jedermann suchte, ein möglichst reiches und vollzähliges Sortiment zusammenzustellen, in welchem denn auch die Bononiensis lutea nicht fehlen durfte.

Wennschon sich also ihre Verbreitung von Italien, und zwar von Bologna aus, mit Sicherheit festlegen lässt, so ist doch eine gleich befriedigende Antwort auf die Frage, wie sie denn in die Gegend dieser Stadt gekommen, zur Zeit nicht möglich. Ihre Einwanderung dorthin von anderswoher muss, im Fall sie überhaupt stattgehabt hat, in so zurückliegender Zeit vor sich gegangen sein, dass uns die historische Quellenforschung versagt. Dass sie aber auch um Bologna nicht ursprünglich heimisch, sondern auf eine oder die andere Weise eingedrungen ist, dafür sprechen vor Allem die Angaben von Mattei[1] S. 19, welcher betont, dass sie auch dort nur auf Culturböden, in Akazien- und Gleditschiengehölzen, durchaus nicht dagegen in den wirklich ursprünglichen Eichenwäldern vorkomme, wobei er freilich auf eine Angabe Levier's[2] S. 53 nicht Rücksicht nimmt, wonach Dr. Riva neuerdings unsere Species im hohen Bologneser Apennin bei Montese, an durchaus ursprünglichem Standort, wie er in den Apuanen und im hohen Apennin gewöhnlich von der Tulipa Celsiana bewohnt wird, gefunden hat.

Mattei[1] nimmt nun, auf seine Beobachtungen gestützt, an, die Tulipa Celsiana des hohen Apennins sei in die Vorhügel hinabgestiegen und es habe sich aus ihr in Folge der Einwirkung geänderter Lebensbedingungen die Tulipa silvestris Bolognas neu gebildet. Die Species würde also in historischer Zeit im Bologneser Apennin entstanden sein. Er spricht sich diesbezüglich in der folgenden Stelle so klar wie nur möglich aus: „possiamo quasi con sicurezza ritenere che la Tulipa Celsiana trasportata nei luoghi collini, siasi mutata in Tulipa silvestris, causa la maggior pinguedine del terreno, la maggior quantita di calore etc.“ Er fordert dann zu dem Versuche auf, Tulipa silvestris in alpine, Tulipa Celsiana in niedere Standorte zu übertragen.

Auch Fiori,[1] S. 152, bekennt sich zu derselben Ansicht; seine Arbeit hat eine Gegenschrift Leviers[4] zur Folge gehabt, in welcher dieser S. 417 die betreffende Frage in ausgezeichneter, die Unwahrscheinlichkeit der in Rede stehenden Annahme zur Evidenz bringender Weise beleuchtet. Zunächst bringt er einen Brief von Krelage bei, aus dem hervorgeht, dass das von Mattei geforderte Experiment für Tulipa Celsiana längst gemacht ist, aber negatives Resultat ergeben hat, indem diese Pflanze, in Holland wahrscheinlich seit Clusius' Zeiten cultivirt, sich keineswegs wesentlich verändert hat, und nirgends der Tulipa silvestris ähnlicher geworden ist. Das war vorauszusehen, da eine derartige verändernde Einwirkung der Standortsbedingungen allem widerspricht, was bislang auf diesem Gebiete festgestellt werden konnte. Und ich bin überzeugt, dass das noch nicht gemachte Gegenexperiment nichts anderes ergeben würde. Höchstens würde die Tulipa silvestris, wie sie das überhaupt an ihr nicht zusagenden Fundorten thut, sich weigern, Blüthen zu produciren. Nun kommt aber Tulipa silvestris bei 500 m auf dem Madoniegebirge Siciliens auf Triften vor und Levier fragt mit Recht, warum sie dort nicht in der den Verhältnissen entsprechenden Form Celsiana existirt. Warum ist sie ferner dort nicht wie in Oberitalien in die niederen Gegenden hinabgestiegen; warum hat sie im Apennin diesen ihren Abstieg nur gegen die Bologneser Seite und nicht auch nach Toscana hin ausgeführt, wo sie, wie wir sahen, sich erst später eingebürgert hat. Warum wächst ferner in Griechenland unter annähernd gleichen Bedingungen Tulipa australis auf dem Chelmos und dem Kyllene, auf den mageren Triften des Parnes aber Tulipa silvestris? Alle diese Fragen setzt Levier der von Mattei und Fiori vertretenen Ansicht mit der Bemerkung entgegen: „Je ne discute pas, j'interroge.“

Nun ist est aber noch gar nicht einmal ganz sicher, ob der einzige bekannte Gebirgsfundort im Bolognesischen bei Montese ein wirklich ursprünglicher ist. Denn die Pflanze ist dort, wie gesagt, erst ganz neuerdings aufgefunden worden und Caruel[8] sagt ausdrücklich S. 118 man kenne in der von Cesalpin für seine Lonchitis als Fundort angegebenen Gegend nur Tulipa Celsiana, die dort auf dem Monte Pisanino und dem Monte Rondinajo wächst. Und er vermuthet desswegen, Cesalpin habe Tulipa silvestris, die im Garten cultivirt wurde und Tulipa Celsiana, die er wild gefunden hatte, identificirt und desshalb für die erstere den Fundort der letzteren angegeben. Lassen wir ihn, den einzigen auf dem ganzen italienischen Festland, einmal bei der weiteren Betrachtung ausser Augen, dann haben wir die sichergestellte Tulipa silvestris nur in Sicilien und Griechenland auf ursprünglichen Fundorten, in allen sonstigen Gegenden bloss verwildert.

Nun ist die ursprüngliche Heimath des Genus Tulipa ganz zweifelsohne im Orient zu suchen, fast alle Arten stammen dorther und nur der Formenkreis der Tulipa Celsiana und silvestris hat sich in vorhistorischer Zeit über das ganze südliche Westeuropa verbreitet. Verschiedene Formen desselben könnten wohl bei ihrer Wanderung nach dem westmediterranen Becken verschiedene Wege eingeschlagen haben; die Hauptmasse dürfte, wie so viele andere orientalische Mediterranpflanzen es gethan, der afrikanischen Küste gefolgt sein. Von Kleinasien konnten sie dann auf die Balkanhalbinsel, nach Griechenland; von Nordafrika, nach dem noch damit zusammenhängenden Sicilien, aber nicht nach Italien gelangen, das damals durch grössere Meeresstrecken von dieser Insel geschieden war.

Einen anderen, spät eröffneten Weg müsste dann die Tulipa Biebersteiniana eingeschlagen haben, durch den Kaukasus und durch Südrussland nämlich. Unter dieser Voraussetzung würde sich Alles aufs Schönste erklären, das Auftreten um Bologna allerdings müsste recenter, zufälliger, nicht näher bestimmbarer Verschleppung zur Last gelegt werden. Ein paar Glieder der Gruppe, die Tulipa fragans und Tulipa primulina (Bot. Mag. No. 6768) wären auf Nordafrika beschränkt geblieben; ein anderes, die Tulipa transtagana hätte die iberische Halbinsel erreicht. Die Isolirung unserer Tulipa silvestris in Griechenland und Sicilien müsste auf Rechnung des Verschwindens derselben in Kleinasien und Nordafrika geschrieben werden. Da aber Levier[8] S. 206

schreibt: „Fere typicam habeo ex Algeria sub Tulipa Celsiana; leg. cl. Debeaux in agris ad „Fort National“; Ait- moussa ouâ- oussa“, so hat sie vielleicht, was näher zu untersuchen wäre, im dortigen Gebiet eine Spur ihrer Wanderung hinterlassen. Freilich könnte andererseits für diesen Standort, zumal er „in agris“ lautet, auch wieder rückwärts gerichtete Einschleppung maassgebend sein.

Dass die ganze hier versuchte Auseinandersetzung auf hypothetischen Füssen steht und erst zu beweisen wäre, ist ja von Vornherein klar. Die sicherste Prüfung auf ihre Stichhaltigkeit würde zweifelsohne ein genaues Studium der Verbreitung der gelben Tulpen auf der Balkanhalbinsel abgeben, auf welcher möglicher Weise die Glieder der Gruppe, die den südlichen Wanderungsweg genommen, mit den auf dem nördlichen gekommenen, wieder zusammengetroffen sein könnten. Leider werden wir wohl noch lange auf eine solche Untersuchung warten dürfen, da sie, der schwierigen Unterscheidbarkeit der Formen in trockenem Zustand halber, vergleichsweise Culturen der lebenden Pflanzen verschiedener Provenienz erfordern würde.

Die roth und bunt blühenden Tulpen sind in Europa bis zum Jahre 1559 zweifellos nicht vorhanden gewesen, wennschon vielleicht eine frühere Bekanntschaft mit denselben aus geringen Spuren gefolgert werden könnte. Es befindet sich nämlich im Museo statuario des Vatikans, in der Sala a Croce greca ein antikes Mosaik, einen Blumenkorb darstellend, unter dessen Blumen einige, nach übereinstimmendem Urtheil verschiedener Botaniker und Laien, nicht wohl etwas anderes als rothe Tulpen darstellen können. Da diese indess in allen sonstigen antiken Wandmalereien fehlen, so muss man bezüglich ihrer Benutzung zur Beweisführu ng sehr vorsichtig sein. Das betreffende Mosaik ist am Ende des vorigen Jahrhunderts, in irgend einer Villenanlage der Roma vecchia, etwa in der Gegend zwischen Porta San Sebastiano und der Cecilia Metella, gefunden worden. Inwieweit es gut erhalten war, weiss man nicht, es wird schwer zu sagen sein, ob die betreffenden Blumen nicht etwa der Hand des mit den Tulpen natürlicher Weise vertrauten restaurirenden Künstlers ihren Ursprung verdanken. Wie leicht dergleichen bei solchen Restaurationen sich ereignet, dafür bieten die neuerdings, und zwar sehr gut, renovirten Mosaiken an den Obermauern des Langschiffs von St. Apollinare nuovo zu Ravenna ein vorzügliches Beispiel. Rechts und links sind hier zwei Processionen von Heiligen in weissen Gewändern dargestellt, die der einen Seite sind alle männlich, kommen aus dem Thore von Ravenna und ziehen Christus entgegen; die der anderen kommen aus der Hafenstadt Classe, sind weiblich und nahen sich der Jungfrau Maria. Zwischen den Heiligen stehen beiderseits Dattelbäume, auf der einen, weiblichen Seite, fruchtbeladen, auf der anderen ohne Früchte. Nun hat der Künstler, bei der

Reparatur darauf nicht achtend, einzelne Fruchttrauben an den Bäumen der männlichen Seite hineingebracht, was botanisch orientirten Beschauern in der unangenehmsten Weise in die Augen fällt.

Sollten aber besagte Tulpen wirklich antik, und nicht etwa auf dem eben angedeuteten Wege hinzugekommen sein, so muss noch ein weiterer Umstand in Betracht gezogen werden. Mosaiken wurden im römischen Reich, auch ausserhalb Roms, gewiss in vielen Grossstädten, wie Alexandria, Antiochia, Damascus hergestellt; sie werden von den Besitzern, im Fall sie werthvoll waren, gewiss von einem Ort zum anderen mitgenommen worden sein. Es könnte also das in Rede stehende Kunstwerk z. B. im östlichen Kleinasien oder Syrien entstanden sein; dann würden die rothen Tulpen auf demselben, da sie in jenen Gegenden zu den gewöhnlichen Feldblumen gehörten, nicht Wunder nehmen können. Ich bin leider, seit ich auf das in Rede stehende Mosaik aufmerksam gemacht wurde, nicht mehr in Rom gewesen, und habe auch keine Reproduktion desselben erlangen können. Andernfalls würde ich die botanische Determination der übrigen mit der Tulpe dargestellten Blumen versucht haben. Denn es wäre möglich, dass aus dem Consortium der in dem Korb vereinigten Blumen sich Gesichtspunkte ergeben könnten die als Stützen für einen Schluss auf den Herstellungsort des Werkes verwendbar wären.

Später sind freilich eine ganze Anzahl rother Tulpen zu Bürgern unserer Flora geworden. Man kann dieselben mit Fiori[1] vom historischen Gesichtspunkte aus in die beiden Abtheilungen der Palaeo- und der Neotulipae zerlegen. Bei den ersteren fällt der Beginn der Einbürgerung in Westeuropa, ähnlich wie bei Tulipa silvestris, in das 18. Jahrhundert, nachdem sie im 17. aus dem Orient als Zierden der Gärten herübergebracht worden waren; die anderen, die Neotulipae treten plötzlich und unvermittelt in diesem unserem Jahrhundert erst auf, ohne dass über ihre Herkunft irgend welche litterarische Daten vorlägen.

In erster Linie steht unter den Alttulpen die zierliche Tulipa Clusiana DC, die heutzutage einen sehr weiten Verbreitungsbezirk bewohnt, der von Südpersien (Schiraz) und Syrien durch den griechischen Archipelagus, Italien (Florenz, Lucca), Südfrankreich, bis nach Spanien und Portugal reicht. Innerhalb dieses Bezirkes aber sind die einzelnen Fundorte, an welchen sie in der Regel ausserordentlich häufig vorkommt, sehr zerstreut und vereinzelt. Um Florenz, wo sie heute, und schon zu Reboul's Zeit (1822), zu den häufigsten Blumen gehört, war sie, als Micheli seinen Catalogus schrieb, durchaus noch nicht vorhanden. Jetzt wächst sie in Toscana noch ausserdem bei Lucca, Pisa und Sarzana, aber an jedem dieser Orte nur in einer bestimmten Localität. (Caruel,[3] vergl. für die Fundortsnachweisungen Baker[1], S. 281 und Boissier Fl. Or.). Dank den ausführlichen Mittheilungen des Clusius,[2]

S. 17 sind wir über ihre Einführungsgeschichte vollkommen unterrichtet und wissen, dass sie mit einer Sendung von Blumenzwiebeln im Jahr 1606 aus Constantinopel nach Florenz kam. Clusius sagt: „Nullus tamen hactenus illius meminit, quae paucis abhinc annis ab Asia in Europam est translata; primusque omnium talem reperiri me (quo est candore) monuit nobilis vir Florentinus Mathaeus Caccini qui licet ante quadriennium dumtaxat ad hoc studium applicare coeperit animum, adeo sedulus et diligens fuit ut nunc hortulum habeat selectissimarum plantarum copia instructissimum. Is anno Christi 1606 extremo Februario accipiebat Constantinopoli Tulipae cujusdam novae aliquot bulbos satis pusillos quos e Persia allatos esse scribebat qui ipsi mittebat: hi licet adeo pusilli et longiore vectura satis adflicti sequente nihilominus Aprili elegantissimum florem protulerunt . . . . . cuius iconem vivis coloribus expressum cum bulbulo sub extremum Julium ad me mittebat, ego vero extremo Septembri accipiebam.“

Von Clusius und seinen Nachfolgern wird sie als Tulipa persica praecox bezeichnet, so von Parkinson[1] und von Rajus.[1] Bei diesem letzteren findet sich eine sehr zutreffende Beschreibung ihrer Zwiebel und heisst es weiter: „Semen in hortis nostris raro ad maturitatem perducit, Bononiensis tamen Tulipae simile esse ajunt. Post primum annum rarius apud nos floret ob aëris inclementiam, sed bulbus paullatim languet et singulis annis minuitur, donec tandem penitus intereat.“ Es geht daraus hervor, dass die Pflanze viel empfindlicher gegen die Einflüsse der Aussenwelt ist, als Tulipa silvestris, anderenfalls würde sie sich bei ihrer grossen Vermehrungsfähigkeit sicherlich ein ebenso grosses Wohngebiet wie diese erobert haben. Selbst an den nördlichsten Punkten ihres ganzen Verbreitungsbezirks, einem Weinberg bei St. Pierre d'Albigny in Savoyen und einem Gehölz bei Biviers nächst Grenoble, hat man grosse Mühe gehabt, sie als schädliches Unkraut auszurotten, was jetzt freilich, scheint es, gelungen ist. (Chabert,[1] S. 251.)

Und wie sie sich im Süden verhält, geht zur Genüge aus der schon von Mattei herangezogenen Stelle d'Ardenes[1] hervor, welcher S. 74 sagt: „Cet oignon est vagabond sous terre plus que ne le sont tous le autres: il s'élance, s'enfonce assez loin de sa place, et l'année d'après il reparaît. Enfin il élude si bien les recherches, que domicilié quelque part il s'y impatronise tellement, qu'il en subsiste içi encore quelques restes en des endroits oû il fut mis il y a plus de quarante ans: quoique cette place qui de parterre est devenue potager, ait toujours été bêchée profondement, cette Persienne n'en a point voulu déloger totalement“.

An zweiter Stelle ist unter den Alttulpen die prächtige Tulipa oculus solis St. Amans zu behandeln. In ihrer heutigen Verbreitung ist sie ausschliesslich auf Italien und Frankreich einer-, auf Syrien (Aleppo, Palästina) andererseits beschränkt. In dem zwischenliegenden Gebiet scheint sie, soweit bekannt, zu fehlen. Wie schon Reboul[1] und später Mattei[1] angegeben haben, ist auch diese Art schon zu Clusius' Zeit in den holländischen Gärten cultivirt worden. Es ist meiner Meinung nach ganz unmöglich, in der nachfolgenden Beschreibung des Clusius[1] die Tulipa oculus solis zu verkennen: „Sed quando quidem in Apennineae Tulipae mentionem incidimus, silentio premendum non duxi aliud Tulipae genus, quod habuit honestus vir Coornhard, Amstelodamensis civis. Est autem illa, caule, foliis (quae tamen paullo viridiora), floris forma, Apennineae non valde dissimilis, nec etiam (ut mihi relatum) radice, quae ut inquiunt illius instar oblique propagines spargit. Floris autem color ruber est, saturatior, sex foliis mucronatis constans, nonnihil odoratus, quorum ungues longi nigri, flavo colore eos ambiente, in ternis foliis interioribus in ternos radios mucronatos desinentibus, in reliquis ternis, orbiculato mucrone, illius externa parte omnino flavescentibus, his vero paullulum flavi circa infimum unguem habentibus, trigono oblongo capitulo Apennineae instar medium florem occupante, rubescente; semen mihi non conspectum. Floret Aprili." Man achte auf die Beschreibung der Basalflecke, die Wort für Wort zu Tulipa Oculus solis stimmt, und auf die Angabe von den „propagines obliquae", die auch St. Amans[1] hervorhebt und sogar abgebildet hat. Ebenso scheint mir auch Parkinson[1] unsere Pflanze und nicht die Tulipa praecox, zu welcher Mattei[1] dieses Citat bringt, als „Tulipa boloniensis sive bombycina, flore rubro, major" im Auge gehabt zu haben. Die wollige Zwiebelschale, die hier ausdrücklich erwähnt wird, ist freilich bei beiden Arten vorhanden, auch scheint die Abbildung eher für praecox zu sprechen, allein die Beschreibung der Blumenblätter lässt sich schwer mit dem Thatbestand dieser letzteren zusammenreimen. Sie lautet S. 51: „but the leaves hereof are alwayes long, and somewhat narrow having a large black bottome, made like unto a cheuerne, the point whereof riseth up unto the middle of the leafe, higher than any other Tulipa". Cheuerne ist nun nach gefälliger Mittheilung Prof. Köppel's eine seltene Nebenform von „chevern" (Dickkopf, Cottus gobio). In der That stimmt ja die Form des Basalfleckes einigermaassen mit der eines kleinen Fisches überein und das mehr bei Tulipa oculus solis als bei Tulipa praecox. Der angenehme Wohlgeruch freilich geht, soviel mir bekannt, beiden in Fragen stehenden Arten ab.

Auch in Paris ist schon 1636 eine Tulpe, die entweder Oculus solis oder praecox war, in Cultur gewesen, denn der in Simon Paulli[1] gegebene Catalog des dortigen Gartens enthält eine Tulipa pyrisina seu bombycina media flore rubro unguibus purpureis, sulfureo circulo cinctis."

Falls hier, wie es bei den älteren Autoren, in Anlehnung an Clusius Eintheilung aller Tulpen in praecoces, mediae, serotinae wahrscheinlich, media auf die Blüthezeit bezogen werden muss, dann kann nur Oculus solis oder maleolens und nicht die ganz früh blühende Tulipa praecox gemeint sein. Und diese Deutung wird noch dadurch bestätigt, dass eine Tulipa pyrisina seu bombycina major praecox fl. phoeniceo vorhergeht, die ich, wenn der Basalfleck erwähnt wäre, unbedingt auf Tulipa praecox deuten würde.

Als Ackerpflanze ist unsere Art freilich erst in diesem Jahrhundert bekannt geworden. Sie wurde von St. Amans bei Agen in Südfrankreich gefunden und im Recueil de la Soc. agricole d'Agen t. I., dann in der Flore Agenaise 1821 beschrieben und abgebildet. Möglich freilich, dass sie schon ein Jahrhundert früher in Südfrankreich vorkam; es ist wenigstens bereits 1715 von Garidel[1] für die Gegend von Aix en Provence einer rothen Tulpe Erwähnung gethan, die in Aeckern am Wege an zwei Stellen wuchs, von der es aber heisst S. 475: „je n'ose pourtant pas assurer qu'elle y vienne naturellement." Jetzt kommt sie in Südfrankreich an vielen Orten vor. Für Italien wurde sie merkwürdiger Weise erst 1822 durch Reboul[1] beschrieben, sie war damals schon „in agro Florentino frequens", während sie doch in dem Catalog der Toscanischen Flora von Micheli vollständig fehlt. Durch Bertoloni[1] wurde sie 1839 auch für Bologna constatirt, und ganz neuerdings ist sie dort von Mattei[1] an verschiedenen bisher unbekannten Standorten gefunden worden.

Es konnte ja, da sie in Syrien vorkommt, an ihrer orientalischen Abkunft kein Zweifel bestehen, immerhin blieb ihre Abstammung unklar, weil man sie überall nur auf Culturböden kennen gelernt hatte. Erst ganz neuerdings hat nun die Firma Dammann & Co. zu San Teduccio bei Neapel eine Tulpe eingeführt, die bei Amasia im Pontus auf natürlichem Fundort wuchs und als Tulipa Dammanniana im Handel verbreitet wurde. Der Name ist unglücklich, da Regel seiner Zeit eine ganz andere turkestanische Art als Tulipa Dammanni beschrieben hatte. Diese Tulipa Dammanniana, im Strassburger Garten cultivirt, ist etwas unscheinbarer als Tulipa oculus solis, gleicht ihr indessen in allen wesentlichen Charakteren so vollkommen, dass ich mit Mattei kaum zweifle, sie möge die ursprüngliche Stammform unserer durch die Cultur verbreiteten Pflanze sein, zumal ein von Beccari aus Florentiner Samen erzogenes Exemplar der Oculus solis, welches ich 1895, zur Zeit seines erstmaligen Blühens bei Levier gesehen, ganz wesentlich mit ihr übereinkam.

Die häufigste aller rothblühenden Feldtulpen Italiens ist heute Tulipa praecox Ten. Sie ist wiederum sowohl im Osten als in Westeuropa nur als Ackerpflanze bekannt; eine, ursprünglichen Fundort bewohnende Form, von der sie abstammen könnte, vermuthet zwar Fiori[1] in Tulipa montana, womit sich indessen Levier[4] nicht einverstanden erklärt. Sichergestellte Fundorte des orientalischen Verbreitungsbezirks sind nach Levier folgende: „Syrien, Chios (Levier[3]), Amasia in Anatolien (Levier[4]). In Italien ist die Pflanze erst seit 1811 bekannt, wo sie zuerst von Tenore Fl. Neap. aus dem Neapolitanischen (Capri, La Martina in Apulien) beschrieben wurde. Eine wenig abweichende Form, Tulipa apula Guss. wurde dann in Apulien gefunden (Levier[3]). Reboul[1] entdeckte sie 1822 um Careggi bei Florenz und beschrieb sie als Tulipa Raddii, später fand er sie in der dortigen Gegend an vielen Orten. Für Bologna ist sie seit 1839 durch Bertoloni[1] bekannt, wo sie gleichfalls heute gemein ist. Sie findet sich ferner an der Riviera und in der Provence und ist neuerdings nach Levier[3] bei Buccari in Dalmatien nachgewiesen worden.

Unzweifelhaft hierher gehörige Beschreibungen aus der alten Litteratur habe ich nicht auffinden können. Nichtsdestoweniger zweifle ich schon nach Ausweis ihres Verbreitungsbezirks durchaus nicht, dass ihre Einwanderung bei uns denselben Weg wie die der Tulipa oculus solis durch die Gärten der Liebhaber gegangen sein wird. Möglicher Weise mag sie in den oben für Tulipa oculis solis citirten Stellen bei Parkinson[1] mit einbegriffen sein, so dass dieser die einander ähnlichen eriobulben Formen zusammen begriff, wofür die Abbildung, wie gesagt, sprechen würde. Bei Ferrari[1] werden S. 148 zwei eriobulbe Tulpen unterschieden, deren erste von Reboul[2] auf praecox, die zweite auf seine maleolens bezogen wird. Letztere Deutung ist ja wohl möglich, wennschon schliesslich auch Oculus solis zu Grunde gelegen haben könnte. Aber die der ersteren halte ich nicht für zulässig, da für sie kein Basalfleck der Perigonglieder angegeben wird. Im Uebrigen ist die Stelle sprachlich so schwierig und dunkel, dass man sie am Besten ausser Betracht lässt.

Wenn Levier[3] S. 249 sagt: „E regno Neapolitano orientali ut videtur initio seculi XIX Neapolim allata et dein per Italiam mediam etc. magna manu subspontanea facta“, so scheint das lediglich auf der Zeitfolge der Entdeckung an den verschiedenen Orten zu fussen. Und da dürften allerdings die Zweifel, die Fiori[1] an der Beweiskräftigkeit dieser Begründung hegt, nicht zu unterschätzen sein. Wo sie in Italien zuerst auftrat, wird man am Besten dahingestellt sein lassen; dass sie ursprünglich aus dem Orient gekommen, darüber kann indess kein Zweifel obwalten.

Die Neutulpen, mit deren Vorkommen wir uns jetzt beschäftigen müssen, sind sehr merkwürdige Erscheinungen in der europäischen Flora. Sie lassen sich der Regel nach mit orientalischen Arten durchaus nicht identificiren und erscheinen plötzlich, zum Theil an den besuchtesten und floristisch bestbekannten Orten, wie das Mädchen aus der Fremde, ohne dass man sich Rechenschaft zu geben vermöchte, woher sie gekommen. Das Merkwürdigste dabei ist aber ihre Vertheilung. Der Mehrzahl nach nämlich finden sie sich gruppenweise beisammen in der Nähe bewohnter Orte. Solcher Orte giebt es vornämlich drei: Florenz, Bologna und St. Jean de Maurienne in Savoyen. Daran reihen sich ein paar andere Punkte an, an welchen nur einzelne von ihnen auftauchen.

Die ersten von diesen Formen wurden 1822 von Reboul[1] bei Florenz entdeckt, es waren Tulipa connivens und Tulipa strangulata vor. Bonarotiana nach Levier's[3] Nomenclatur. 1823 folgten Tulipa maleolens, serotina, strangulata var. variopicta, neglecta (diese neuerdings von Levier zu Tulipa strangulata variopicta einbezogen [briefliche Mittheilung, 7. Mai 1898]). 1839 beschrieb, wiederum aus derselben Gegend, Bertoloni[1] die Tulipa spathulata, 1854 entdeckte Parlatore[1] die Tulipa Fransoniana, die zuerst für die ähnliche Tulipa Didieri gehalten wurde. 1883 fand Martelli die Tulipa Martelliana Lev, 1884 Sommier die Tulipa Sommierii, Levier Tulipa etrusca und Tulipa lurida. Und ganz erstaunlich ist, dass Tulipa connivens, maleolens, serotina, spathulata, Fransoniana, obwohl zu verschiedenen Zeiten bekannt geworden, in unmittelbarster Nachbarschaft auf Aeckern des Gutes „alle Rose“ beisammen vorkommen; an einem Orte, an den die Botaniker seit den ersten Tulpenfunden Reboul's alljährlich zu pilgern pflegten. Wenn die Tulipa Fransoniana schon früher dort gewesen wäre, so hätte sie deren Blicken sicherlich nicht entgehen können. Freilich sind heute, wie mir Dr. Levier de dato 15. Januar 1897 schreibt, nicht mehr alle diese Formen um Florenz zu bekommen, Tulipa Martelliana und Sommierii sind verschwunden, letztere nur noch bei Prof. Beccari im Garten in Cultur, strangulata var. Buonarotiana existirt nur noch im botanischen Garten zu Florenz, Tulipa serotina hat man in 30 Jahren nur einmal blühen sehen und Tulipa etrusca hat im botanischen Garten, wo sie allein noch existirt, sich sehr wesentlich verändert. Alle diese Tulpen lassen sich, wie gesagt, mit keiner im wilden Zustand bekannten Art mit Sicherheit identificiren; immerhin soll Tulipa strangulata der griechischen Tulipa boeotica so nahe kommen, dass Levier[3] S. 277 von letzterer sagt: „forsan monente cl. Boissier stirps silvestris speciei sequentis, cui notis gravioribus arcte affinis.“ Da aber für diese Zusammenstellung kein historischer Anhalt besteht, und ich die beiden fraglichen Pflanzen nie frisch gesehen, muss ich mich diesbezüglich jedes Urtheils enthalten. Im Uebrigen mag darauf hingewiesen sein, dass manche, wie T. connivens, strangulata, neglecta und ebenso die später zu erwähnende Tulipa Billiettiana den Habitus der Gartentulpen in eminentem Maasse an sich tragen.

Bei Livorno und bei Genua hat man bisher nur die Tulipa maleolens gefunden. Bei Lucca wachsen Tulipa maleolens und Tulipa connivens, ausserdem aber ist von dort seit 1860 die merkwürdige rosenroth blühende Tulipa Beccariana Bichi bekannt, die, wie sich später herausgestellt hat, der Tulipa saxatilis Sieb. von Cap Malea in Creta so nahe steht, dass sie nur durch im Verhältniss zur Fruchtknotendicke schmäleres Stigma und durch eine etwas andere Form der Filamente unterschieden ist (Levier[8] S. 287). Sie gehört zur Verwandtschaft der Tulipa silvestris, verbreitet sich durch Ausläuferbildung wie diese, lässt sich aber schon in sterilem Zustand an der saftig grünen, nicht glauken Färbung der Blätter von allen anderen mir bekannten Tulpen unterscheiden. Wie es Tulipa silvestris an manchen Orten thut, hat sie, wenigstens in Italien und sonstwo ausserhalb ihrer Heimath, die Eigenschaft, nur selten und in einzelnen Exemplaren zu blühen. Beccari, der die Pflanze in seiner Villa bei Florenz cultivirt, sagt mir, dass er alljährlich höchstens eine oder zwei Blumen derselben bekomme, obgleich, wie ich mich selbst überzeugen konnte, einblättrige Individuen genug vorhanden sind. Im Strassburger Garten wurde eine Anzahl durch Beccari's Güte erhaltene Tulpenzwiebeln gepflanzt; Alles was bisher davon blühte, war T. Sommierii; die echte T. Beccariana hat bisher noch wenig Fortschritte gemacht. Bezüglich ihres Verhältnisses zur Tulipa saxatilis drückt sich Levier[8] sehr vorsichtig aus, sagt aber doch S. 287 „admodum similis priori forsan a monachis viatoribus ex insula Creta advecta et mutatis characteribus subspontanea facta. Stirps etrusca indubie recentior, Michelio ignota, cuius origo botanicis, mutationes plantarum pernegantibus, problema spinosum et vix extricandum". Die hier ohne Weiteres vorausgesetzte Aenderung der Charaktere in Folge äusserer Einflüsse giebt mir nun noch zu einer weiteren Bemerkung Anlass. Ich zweifle durchaus nicht daran, dass die italienische Pflanze aus Kreta stammt und werde nachher dafür einige Beweismittel heranziehen. Warum sollte aber nicht am Cap Malea die Pflanze in mehreren, wenig abweichenden Raçen vorhanden sein, von denen zufälliger Weise nur eine nach Europa überführt wurde. Eine darauf gerichtete Untersuchung des Originalfundortes könnte hier allein entscheiden. Was nun die Einführungszeit unserer kretischen Tulpe in Europa betrifft, so fällt diese mit der der Alttulpen vollständig zusammen und wenn ich sie hier unter den Neutulpen aufführe, so geschieht dies nur, weil sie auf dem Continent erst so spät als Ackerpflanze gefunden worden ist. In der That bildet sie ein vermittelndes Glied zwischen beiden Gruppen. Tulipa saxatilis ist nämlich, nur wenig später als Tulipa Clusiana, in der ersten Hälfte des 17. Jahrhunderts nach England als Gartenblume introducirt worden, wie aus folgender, von den Autoren, wie es scheint, übersehenen Stelle bei Parkinson[1] zweifellos hervorgeht. Es heisst da S. 54: „Tulipa cretica, The Tulip of Candia. This tulipa is of later knowledge with us than the Persian (Clusiana) but doth more hardly thrive, in regard of our cold climate; the description whereof, for so much as we have knowledge, by the sight of the roote and leafe and relations from others of the flower (for I have not yet heard that it has very often flowred in our country) is as followeth: It beareth fair broad leaves, resembling the leaves of a Lily, of a greenish colour, and not very whitish: the stalke beareth thereon one flower, larger and more open than many other, wich is either wholly white or of a deepe red colour, or else is variably mixed white with a fine reddish purple, the bottomes being yellow with purplish chines whit blackish pendents: the roote is small and somewhat like the dwarf yellow Tulipa but somewhat bigger." Auch in Paris scheint sie nach Vallot[1] im königlichen Garten noch 1665 in Cultur gewesen zu sein; der bei Paulli[1] abgedruckte Catalog vom Jahr 1636 hat noch nichts davon. Aber schon 1614 war sie in Holland, wo sie Passaeus[1] sogar auf T. 27 abbildet. Es heisst im Text: „Altera ex Kreta ut creditur primum allata, inde nomen accedit; foliis est Lilii latioribus, florem quoque fert patentem, forma Lilii, candidi ac purpurei coloris elegantissima mixtura, croceo item fundo ac staminibus nigricantibus, non ingrato spectaculo visendum." Wo es sich nun um Modeblumen, wie die Tulpen, handelt, dürfen wir gewiss, wenn eine so auffallende Form in England, Holland und Frankreich in Cultur ist, annehmen, dass sie auch den italienischen Liebhabergärten nicht gefehlt habe. Wir brauchen also für ihre Ueberführung nicht auf aus Kreta gekommene Mönche zu recurriren. Wann sie aus den Gärten in wilden Zustand überging, lässt sich für sie so wenig wie für T. Oculus solis und praecox bestimmen. Dass sie aber bei Lucca schon lange vor ihrer Entdeckung wuchs, ist mir unzweifelhaft; ihr seltenes Blühen mag einen guten Theil der Schuld daran tragen, dass sie lange übersehen wurde.

Ein weiteres Tulpencentrum ist Bologna. Hier finden sich neben den Alttulpenarten: Tulipa strangulata, connivens und Fransoniana. Erstere war schon Bertoloni[1] 1839 bekannt, die beiden anderen sind erst 1888 resp. 1890 durch Mattei[1] nachgewiesen worden.

Eine Art, die sonst nirgends gefunden worden ist, besitzt die Gegend von Piacenza. Es ist die 1871 entdeckte Tulipa Passeriniana (Levier[3] S. 245). Sie ist bei Dr. Baldacci in Bologna in Cultur.

In Savoyen ist das Haupttulpencentrum St. Jean de Maurienne. Die erste Erwähnung einer rothen Feldtulpe von diesem Fundort stammt von Bellardi[1] (1791), sie ist bei Chabert[2] reproducirt. Wenn Originalexemplare im Turiner Herbar vorliegen, wird sich vielleicht entscheiden lassen, zu welcher der dort wachsenden Formen die als Tulipa Gesneriana bezeichnete Pflanze gehört. An ihrem Indigenat zweifelt

Bellardi bereits, er sagt: „Licet exoticae originis credatur, tamen abunde nascitur in montibus Sabaudiae, non longe a Moriena, observante cl. equite a Sancto Reale“. Auch Huguenin hat nach Chabert diese Tulipa Gesneriana der Maurienne in trockenen Exemplaren seinen Correspondenten übersandt; er sei später der Ansicht gewesen „que toutes ces Tulipes étaient échappées des jardins et qu'il ne les avait jamais trouvées dans une station qui permît de croire à leur indigenat“. In St. Jean de Maurienne ist nun seit 1846 Tulipa Didieri bekannt, 1858 sind von Jordan drei weitere Arten, nämlich Tulipa Mauriana, planifolia und Billiettiana beschrieben worden. Dazu kommen noch die nicht sehr weit davon bei Aime la Côte durch Perrier de la Bathie und Songeon 1894 bekannt gemachten Tulipa Aximensis und Tulipa Marjoletti. In der Nähe von Guillestre wächst die zuerst von Jordan beschriebene Tulipa platystigma, bei Susa haben 1894 Perrier de la Bathie und Songeon die Tulipa Segusiana gefunden (vergl. Jordan et Fourreau[1]).

Bei Sitten im Wallis endlich wächst Tulipa Didieri, genau mit der Form von St. Jean de Maurienne übereinstimmend. Sie ist dort anfangs dieses Jahrhunderts in Feldern entdeckt worden und ging, bis Jordan (Ann. Soc. Linn. Lyon 1846) ihre Verschiedenheit feststellte, in den floristischen Werken als Tulipa oculus solis. An ihrem Originalstandorte ist sie nach persönlicher Mittheilung des Professor Wolff in Sitten, wennschon spärlich, noch immer vorhanden, kommt aber nur dann zum Blühen, wenn die betreffenden Felder, was selten der Fall, Cerealien tragen. Aus Wolff's Privatgarten, wo sie alljährlich blüht, nach Strassburg gebracht, hat sie sich üppig entwickelt und stark vermehrt. Der Strassburger Garten besitzt überhaupt eine reiche Sammlung dieser Tulpenformen, deren Liste hier angeführt werden mag und für deren sichere Bestimmung ich garantiren kann. Es sind: Tulipa Beccariana, Clusiana praecox, oculus solis, strangulata, Buonarotiana, Didieri, Fransoniana, neglecta, connivens, Mauriana, planifolia, Aximensis, Billiettiana, Sommierii β atro-guttata. Sie gedeihen mit einziger Ausnahme der Oculus solis und der Beccariana, welch' letztere nicht blühen will, ganz vortrefflich. Tulipa praecox var. Foxiana, maleolens und lurida sind in diesem Frühling hinzugekommen und werden hoffentlich einschlagen.

Für Mittheilung von Zwiebeln anderer, nicht in diesem Verzeichniss enthaltener Neotulipen würde ich sehr dankbar sein.

II. Die Gartentulpen.

Ueber die Einführungszeit der Gartentulpen in die Gärten Europas, sind wir, Dank dem Aufsehen, welche diese gleich von Vornherein machten, ziemlich genau unterrichtet. Als Augerius Ghislenius Busbequius, Gesandter Kaiser Ferdinands I. beim Sultan, im Jahre 1554 nach Constantinopel reiste, sah er in einem Garten zwischen Hadrianopel und Constantinopel zum ersten Mal diese Blume. Die denkwürdige Stelle seiner Reisebriefe,[1] die darüber berichtet, lautet wie folgt: Unum diem Hadrianopoli commorati progredimur Constantinopolim versus, jam propinquam, veluti extremum nostri itineris actum confecturi, per haec loca transeuntibus ingens ubique florum copia offerebatur Narcissorum, Hyacinthorum et eorum, quos Turcae tulipam vocant; non sine magna admiratione nostra propter anni tempus, media plane hyeme, floribus minime amicam. Narcissis et Hyacinthis abundant Graecia mire fragrantibus odore. Sic ut cum multi sunt odorum huius modi insuetis, caput offendant. Tulipanti aut nullus aut exiguus est odor; a coloris varietate et pulchritudine commendatur. Turcae flores valde excolunt, neque dubitant alioqui minime prodigi, in eximio flore aliquot asperorum sumtum facere."

Es wird auf diesen Bericht noch vielfach zurückzukommen sein, hier möchte ich nur hinzufügen, dass die Behauptung, die Türken nennten unsere Pflanze Tulipan, durchaus nur auf einem Missverständniss beruhen kann, wennschon sie durch die ganze spätere Litteratur hindurchgeht. Man vergleiche hierfür die sorgfältige Auseinandersetzung von Diez,[1] welcher sagt, dass der einzige türkische Name der Tulpe „lale" sei. „Dulbend", ein persisches Wort, heisse Nesseltuch, wie die Türken solches um den Fez wickeln. Daraus haben die Europäer dann Turban gemacht. Von demselben Wort stammt freilich auch unser „Tulpe" ab, und wird der Dolmetscher des Busbequius diesem die Blume so bezeichnet haben, auf die der Name besagter Kopfbedeckung wegen ihrer Aehnlichkeit mit dem Kelche jener Blüthen von Europäern, nicht von Türken, übertragen worden war.

Es ist allerdings nicht unmöglich, dass schon etwas früher in Venedig eine oder die andere Tulpe geblüht haben möge. Wie mir nämlich Prof. Cohn mittheilte, befindet sich im Wiener Hofmuseum ein grosses Bild von Vittore Carpaccio (Schüler Giov. Bellinis † 1522), Christus von Engeln umgeben darstellend, an dessen Sockel eine Menge stilisirter Blumen dargestellt sind, unter denen Cohn Leucojum, Narcissus Pseudonarcissus und gelbrothe Tulpen zu erkennen glaubt. Ich selbst habe das Bild daraufhin erst diesen Herbst besichtigen können. Die Blumen sind aber so unscharf gezeichnet, dass mir deren Bestimmung unmöglich erscheint.

Wenige Jahre nachher 1559 hat C. Gesner[1] die erste für das aussertürkische Europa nachgewiesene Gartentulpe zu Augsburg gesehen und 1561 S. 213 mit folgenden Worten beschrieben: Hoc anno a nativitate Domini MDLIX initio Aprilis, Augustae in horto Magnifici viri Johannis Heinrichi Herwarti vidi herbam hic exhibitam, ortam a semine quod Byzantio (vel ut alii, e Cappadocia) allatum erat. Florebat flore uno pulcherrime rubente, magno, instar Lilii rubri, octonis condito foliis; quorum quatuor foris sunt et totidem intus, odore suavissimo leni et subtili, qui brevi evanescit." ...... Wie Levier[3] mit Recht ausführt, ist diese Tulpe nach der beigegebenen Abbildung, dem Geruch und der frühen Blüthezeit eine der Frühtulpen gewesen, die man heutzutage nicht als Tulipa Gesneriana, vielmehr als Tulipa suaveolens bezeichnet. Und 1565 schreibt Konrad Gesner[2] an den Augsburger Arzt Adolph Occo: „Tulipam illam aut forte Satyrion verum quam in horto D. Herwarti olim vidi non putabam in Fuggerorum quoque hortis inveniri. Gratissima erit, undecunque mihi nactus fueris sub ver proximum, si vixerimus." Es liegt nahe, anzunehmen, dass diese Augsburger Tulpen aus Samen erwuchsen, die von Busbequius, dem unsere Gärten so viele Bereicherungen verdanken, heimgebracht oder gesandt worden waren. Dem steht nur die Kürze der Zeit zwischen 1554 und 1559 und die ausdrückliche Angabe Gesner's entgegen, dass die Blume aus Samen erwachsen sei. Immerhin ist die Sache möglich, es kann sehr wohl eine oder die andere Zwiebel in vier oder fünf Jahren geblüht haben, kommt dies doch nach d'Ardene[1] gelegentlich schon im dritten Jahre nach der Aussaat vor. So könnte also sehr wohl der von Busbecq erhaltene Same in Herwarths und in den Gärten der Fugger gewachsen sein, aber zur Zeit von Gesner's Besuch nur bei dem ersteren eine vorzeitige Blüthe entwickelt haben.

Bei Clusius[1] ist von den Augsburger Tulpen nicht die Rede und es zeigt sich, wenn man alle seine auf diese Blume bezüglichen Zeitangaben vergleicht, dass keine derselben weiter als 1573 zurückreicht. In diesem Jahr aber kam Clusius nach Wien und traf dort mit Busbequius zusammen, der seinerseits schon 1574 nach Rouen verzog, wo er 1592 verstarb. Da es nun bei Clusius[1] S. 142 heisst: „Magnum seminis illarum cumulum acceperat illustris vir Augerius de Busbeque cum plerisque bulbaceis stirpibus eo anno quo Viennam veni, haec, cum sequenti anno in Galliam proficisceretur, mihi reliquit: ea vero demum annis septuagesimo quinto et sequente supra millesimum et quingentesimum confertim (quod vetusta essent et vieta vixque nascitura existimarem) terrae mandavi", so wird man wohl annehmen dürfen, dass diese Samen die ersten Tulpen ergaben, die Clusius besessen. Anderenfalls würde er wohl seine frühere Bekanntschaft mit denselben der Erwähnung werth gehalten haben. Dazu stimmt auch der Eifer, mit dem er noch wenige Jahre vorher um Beschaffung von Tulpenzwiebeln bittet, einmal im October 1567 in einem an Thomas Rhediger nach Padua gerichteten Briefe, wo es heisst (Treviranus[1] S. 11): „Inter bulbos Tulipae, si nancisceris erunt gratissimi", und dann wieder im August und December 1569 in zwei Briefen an Crato v. Krafftheim, in deren (Trev. S. 47) erstem er folgendes sagt: „Non dubito, quin Dns. Augerius Bousbecke qui aliquando apud Solymannum egit caesareum oratorem, ejus ni fallor opera commode possent Constantinopoli advehi Tuliparum Dipcadique bulbi, id nisi tibi et illi molestum sit, velim apud eum cures atque illi plurimam salutem meo nomine dicas. Petendi autem essent inde ii bulbi non nunc sed proximo Junio, quo tempore et folia eorum atque etiam fibrae perierunt, totaque substantia in ipsis bulbis est coacta; tunc enim commode e terra eruuntur et quinque aut six menses sicci asservari possunt sine aliquo nocumento." Wir werden nach alledem in Augsburg und Wien zwei verschiedene, wennschon wahrscheinlich auf die gleiche Urquelle zurückführbare erste Verbreitungscentren der neuen Prachtblume erkennen dürfen. Zu derselben Schlussfolgerung kommt im Wesentlichen schon der ungenannte Autor eines Artikels über die Tulpe, der in den Breslauer Sammlungen von Natur und Medicin, Jahrgang 1721, abgedruckt ist, und führt derselbe weiterhin mit vollem Recht aus, dass eben in diesem Jahr 1573 unsere Blume in den Niederlanden noch nicht oder doch nur sehr wenig bekannt gewesen sein müssen, wofür er die nachfolgende Stelle des Clusius[1] heranzieht. Sie lautet S. 150: „Potuisset autem ante triginta annos Antwerpianus quidam mercator certi quidpiam de ea re statuere. Is enim cum horum bulborum non exiguum numerum ab amico cum byssinis pannis Constantinopoli sibi missum accepisset, cepas esse existimans ex illis aliquot sub prunis assari jussit, et vulgarium ceparum modo ex oleo et aceto in coenam sibi parari; reliquos in horto inter brassicas et alia olera defodit, ubi neglecti omnes brevi perierunt, praeter paucos quos Georgius Rye, mercator Machliniensis, rei herbariae perquam studiosus ad se recepit, cujus sane diligentiae et industriae acceptum referre debemus, quod eorum postea flores, gratissima varietate delectationem et voluptatem oculis adferentes videre nobis licuerit." Die hier erzählte Geschichte fällt ungefähr ins Jahr 1570 und dürfte dafür sprechen, dass die Tulpe früher als in Clusius' Händen bereits in den Niederlanden war und dass Mecheln ein drittes Verbreitungscentrum derselben bildet. Uebrigens hat Clusius (S. 150) selbst Versuche über die Essbarkeit der Tulpenzwiebeln angestellt und sie im Jahr 1592 wie Orchisknollen vom Apotheker J. Muler in Frankfurt in Zucker einmachen lassen, denen er sie alsdann an Süssigkeit und Geschmack weit überlegen befand. 1577 blühte eine rothe Tulpe zum ersten Male in Brüssel (Clusius[1] S. 148), aus deren Samen Boisot und einige „nobiles matronae" verschiedenfarbige Nachkommenschaft erzogen. Aus den von diesem Boisot erhaltenen Samen erwuchsen dann wiederum dem Clusius Tulpen, von denen eine 1590, also in Frankfurt, geblüht hat. Sie waren ihm offenbar als Rarität oder Neuheit übersandt worden, wie denn Schoock[1] S. 2 berichtet: „In Belgio nostro anno etiam 1583 florem hunc rarissimum fuisse inde colligo, quod ex litteris datis ad proaevum meum Martinum Schepperum Med. Doct. discam, Illustrem Comitem Culenburgicum Florentium primum die 21. Maii ejusdem anni curasse ei gratias agi, quod horto suo duas Tulipas rubras (qui hodie [1648] eas aestimat?) obtulisset."

Bei Wassenaer[1], t. IX, Aprilis 1625, S. 9[b] u. 10[a], findet sich gleichfalls eine Stelle, welche lehrt, dass die Tulpe vor Clusius, und wahrscheinlich unabhängig von ihm, bereits in Holland zu finden war. Es heisst da: „Die erste, die zu Amsterdam gesehen worden ist, war bei dem Apotheker Walich Zieuwertsz zur grossen Verwunderung aller Blumenfreunde; dann sind sie sehr vermehrt worden, nachdem der berühmte Dr. Clusius, Herbarist, nach Leiden gekommen, welcher viele andere rare Pflanzen dahin brachte, wie die Hyacinthe von Peru (Scilla peruviana), die für 40 fl. verkauft wurde, die erste Kaiserkrone, die 7 £ werth geachtet wurde; in summa rarum carum, was Niemand hatte, war für kein Geld zu kaufen." Und Th. Schrevel[1] sagt boek III, S. 208: „Ich erinnere mich noch sehr gut, wie Carolus Clusius, von Arras, Botanikus, d. h. sehr erfahren in der Kenntniss von allen Kräutern, hierzulande begonnen hat, von den Tulpen viel zu halten, dieselben durch ganz Niederland zu cultiviren und zu säen, wodurch dann sofort andere Blumen der Geringschätzung verfielen." Schon 1590 hatte Joh. van Hoghelande zu Leiden die Tulpe (Clusius[1] S. 147); 1596 findet sie sich beim Prediger Joan. de Jonghe in Middelburgh. (Clusius S. 148.)

An der angezogenen Stelle bei Wassenaer heisst es nun weiter: „Nachdem der vorgenannte Dr. Clusius mit seinen Tulpen so theuer war, dass Niemand eine davon um Geld bekommen konnte, hat man es darauf angelegt, ihm die meisten und schönsten bei Nacht zu entwenden, wodurch ihm Muth und Lust, solche fortzupflanzen, ausging. Die aber, die sie geraubt hatten, verwandten allen Fleiss darauf, sie durch Aussaat zu vervielfältigen, so dass auf diesem Wege die 17 Provinzen damit ganz erfüllt worden sind." Dieser Diebstahl, der neben den oben angegebenen Preisen für Kaiserkrone und Scilla peruviana beweist, welches Gewicht man schon in jener Zeit auf die Blumenzwiebeln legte, der ferner Clusius jetzt noch, wie schon zu Wien als geldbedürftig erkennen lässt (vergl. Treviranus[1] S. 54 und Reichardt[1] S. 986), wird auch von diesem selbst bei Besprechung des Lilium rubrum praecox S. 133 erwähnt. Er sagt: „anno vero 1596 mihi furto sublatus cum selectissimis quibusque quas in horto alebam bulbaceis et tuberosis stirpibus."

In England geht die Einführung der Tulpe wiederum mit Sicherheit auf Clusius zurück, der sie zuerst von Wien aus zwischen 1578 und 1582 dorthin sandte. Dies lehrt uns ein Bericht Hakluyt's des älteren, der in der Biographia britannica,[1] Vol. IV, S. 2462 abgedruckt ist und eine Instruction für die englischen Kaufleute über die in der Türkei zu findenden Handelsartikel enthält. Dort heisst es: „and now within these four years, there have been brought into England from Vienna in Austria divers kinds of flowers called Tulipas; and those and others procured thither, a little before from Constantinople, by an excellent man called M. Carolus Clusius."

Nach G. Kraus[1] findet sich die Tulpe 1598 in dem Verzeichniss des Gartens zu Montpellier, welches Belleval herausgab, danach wäre also Gassendi[1] zu berichtigen, welcher behauptet, sie sei in Frankreich durch Peiresc eingeführt worden, in dessen Garten zu Aix en Provence sie 1610 geblüht hat.

Um 1599 cultivirte Renward Cysat[1] zu Luzern unsere Blume, in rothblühender Sorte, konnte aber erst im Jahre 1612 den ersten reifen Samen derselben gewinnen.

Und schon 1594 war sie zu Breslau in dem Hortus medicus des Laurentius Scholz in mehreren Sorten verschiedener Blüthenfarbe zu finden; cf. Kraus[1]. Auch nach Schlesien ist sie gewiss aus den Händen des Clusius gelangt, der mit dem dortigen Kreise wissenschaftlich bemühter Aerzte durch den Breslauer Crato v. Krafftheim, k. k. Leibarzt in Wien, in Verbindung stand, der ferner mit der Familie Rhediger in Breslau in engen Beziehungen war, von welcher ein Glied, Thomas Rhediger, längere Zeit bei ihm in Belgien geweilt hatte. cf. Treviranus.[1] Und dessen Bruder Nicolaus Rhediger war in Italien der Reisegefährte unseres Laurentius Scholz gewesen. Cohn.[1] Eine Frucht dieser Beziehungen des Clusius waren verschiedene Pflanzen des Gesenkes und des Riesengebirges, wie Botrychium matricariaefolium, Gentiana punctata, Delphinium elatum und andere, die in der Rar. pl. hist. beschrieben werden und die er von Achilles Cromer aus Neisse, fürstbischöflichem Rath und Leibarzt des Markgrafen von Mähren, und von Friedrich Sebitz aus Neisse, Leibarzt des Herzogs von Brieg in trockenem Zustand nach Wien gesandt erhalten hatte. Man vergleiche dazu das bei J. Graetzer[1] Gesagte.

Clusius[1] unterschied bei seinen Tulpen nach der Blüthezeit praecoces, dubiae und serotinae, ohne sich indess zu verhehlen, dass eine solche Eintheilung nicht von wesentlicher Bedeutung sein kann. Denn er sagt ausdrücklich S. 147, es seien ihm aus dem gleichen Samen gelegentlich praecoces sowohl, als einzelne der beiden anderen Categorien erwachsen. Diese seine Unterscheidung ist nun von allen Autoren des 17. und 18. Jahrhunderts durchweg festgehalten worden. Und bereits Parkinson[1] hat sie weiterhin verschärft, indem er ausdrücklich bestreitet, dass man aus dem Samen der praecoces jemals serotinae erhalten könne, während die mediae (d. h. des Clusius dubiae) sowohl spätblühende Progenies ergeben, als auch aus deren Samen erwachsen, demnach als eine Untergruppe zu den serotinae gerechnet werden müssen. Für die dubiae kam bald Parkinson's Name „mediae" in allgemeinen Gebrauch und daraus machten die französischen Liebhaber „medionelles", „midionelles", so schon bei Passaeus,[1] und endlich gar „meridionelles". Es hat Ardene[1] bereits S. 81 den Ursprung besagter sinnloser Worte klargelegt.

Wenn Wassenaer[1] pars IX, Aprilis 1625 S. 9[a] sagt, dass man in ihrem Vaterland nur gelbe und rothe Tulpen gekannt habe und dass die gute Cultur in den Niederlanden die vielerlei Farbenvariationen ins Leben gerufen habe, so ist dies ein Irrthum, denn einmal lesen wir, dass dem Clusius[1] S. 143 aus dem von Busbecq erhaltenen Samen „ingens Tuliparum numerus prognatus est, quarum nonnullae quinto, sexto atque etiam sequentibus annis flores tulerunt insigni colorum varietate commendabiles. Nam flavos omnino, rubros, albos et purpureos, vel ex his coloribus inter se commixtis distinctos nactus sum praecoces". Und auf S. 138 giebt derselbe Autor eine überaus genaue und sorgfältige Beschreibung der verschiedenen Blüthenfarben, die ihm bei den praecoces vorgekommen sind. Wenn sich also solche Farbenvarianten schon bei der ersten Aussaat des von den Türken erhaltenen Samens ergaben, so kann dies doch unmöglich nur den veränderten Culturbedingungen zur Last gelegt werden.

Und dazu kommt noch, dass wir auch directe Zeugnisse dafür besitzen, wie verschiedenartig die Blüthenfarben der Tulpen in den türkischen Gärten gewesen sind. Es hat nämlich von Diez[1] zwei türkische Manuscripte erworben, die jetzt der Berliner Bibliothek gehören, deren eines er vollständig in deutscher Uebersetzung mittheilt, während er von dem anderen nur eine Probe giebt. Diese Abhandlungen müssen, da sie nach vielen Richtungen hin grosses Interesse bieten, hier etwas genauer besprochen werden. Das erste der beiden Manuscripte „die Wage der Blumen" betitelt, in der vorliegenden Abschrift aus dem Jahre 1744 stammend, hat zum Verfasser den Scheich Muhammed Lalézari, welcher unter Sultan Achmed III (1703—1730), und zwar unter dem Grosswezirat Ibrahim Paschas (1718—1730) lebte und für diesen letzteren selbst geschrieben hat. Dies geht aus einer Bemerkung auf dem ersten Blatt der Handschrift hervor, welche besagt, dass dies das Büchlein sei, welches der verstorbene Ibrahim Pascha habe anfertigen lassen. Den Namen Lalézari, der etwa mit

„Tulpenist“ übersetzt werden könnte, hat er sich, wie Diez S. 7 ausführt, wohl selber beigelegt. Er selbst sagt, dass er beim Sultan in Ehren gestanden, mit dem Kuss der untersten Stufen der Schwelle beehrt und des Beinamens Schukjufé Perweran (Blumenkenner) seitens des Sultans für würdig gehalten worden sei. Danach muss Achmed III. ein grosser Blumenfreund gewesen sein, wofür wir übrigens die vollkommene Bestätigung in einem bei Ardene[1] reproducirten Briefe finden, den der französische Gesandte d'Andresel unterm 24. April 1726 an seinen König richtet. Derselbe lautet: „Le grand Seigneur, le grand Visir et Kiaïa ont pris depuis quelques années un grand goût pour les fleurs, et surtout pour les Tulipes dont ils sont très curieux; on estime qu'il y a 500000 oignons dans le jardin du grand Vizir et pour plus de 150000 écus dans celui du Kiaïa. Lorsque les Tulipes sont en fleur et que le grand Vizir veut les faire voir au grand Seigneur on a soin de remplir les vides des oignons qui ont manqué par des Tulipes qu'on prend d'autres jardins et qu'on met dans des bouteilles. De 4 en 4 fleurs on plante à terre une bougie, à hauteur des dites fleurs, et on garnit les allées de cages de toutes sortes d'oiseaux; tous les treillages sont bordés par une quantité innombrable de toute sorte de fleurs dans des bouteilles et illuminés par une infinité de lampes de cristal de diverses couleurs, dont on en attache aussi une partie à plusieurs arbrisseaux verts qu'on transplante des bois des environs exprès pour cette fête, et qu'on dispose derrière les dits treillages. Ce qui par la variété des couleurs, et la réverbération des lumières par quantité de miroirs, fait, dit-on un effet merveilleux. Cette illumination accompagnée d'un grand bruit d'instruments et de musique à la Turque dure toutes les nuits, tant que les Tulipes sont en fleur, le tout aux dépens du Grand-Vizir, qui pendant tout ce temps là loge et nourrit le grand Seigneur et toute sa suite.“

Die Abhandlung unseres Schukjufé Perweran behandelt die Tulpe ziemlich ausführlich in zwei Capiteln, von denen das erste deren zur Schönheit erforderliche 20 Eigenschaften auseinandersetzt, während das zweite Culturanweisungen für Tulpenzwiebeln und Tulpensamen enthält. Ein Schlussabschnitt ganz analoger Disposition und Inhalts bespricht endlich die gelbe Narcisse. Eine Menge von Tulpen und Narcissensorten werden gelegentlich, beispielsweise, mit den ihnen beigelegten, unseren jetzigen Gartensortennamen ganz analogen Bezeichnungen aufgeführt, von denen nur „mihir Suleimani“ (Geliebte Suleiman's) „Ferah efza“ (Freude mehrend), „Nizé Ghülrenki ejubi“ für die Tulpe, „Hezar Dinar, Ferid, Chulasa“ für die Narcisse erwähnt sein mögen.

Die zweite türkische Handschrift trägt den Titel „Annehmlichkeit und Schönheit“. Sie stellt einen systematisch angelegten Catalog verschiedener Sorten einer Blume dar, der freilich in der Ausführung nicht sehr weit gediehen ist; soweit er fertig, den Namen der Sorte, die Herkunft des Samens, und die Beschreibung der Blume bietet. Diez[1] giebt S. 11 die Uebersetzung einer dieser Beschreibungen als Beispiel. Sie lautet: „Veilchenfarbig, gewunden, neumondförmig; ihre Malerei ist am rechten Orte, rein, wohl abgemessen, mandelförmig, nadelartig, mit angenehmen Strahlen geziert und erhaben gestickt, ihre inneren Blätter ein Brunnen, wie sichs gebührt; ihre äusseren Blätter ein wenig offenstehend, wie sichs gebührt, und die mit Weiss geschmückten sechs Blätter sind ganz vollkommen fein und ausserordentlich glänzend. Sie ist daher für die Vortrefflichste der Vortrefflichen gehalten worden." Obgleich nun nirgends ausgesprochen wird, um welche Blume es sich handelt, so schliesst Diez doch mit vollem Recht aus diesem Text, dass nur die Tulpe gemeint sein kann. Die hier beschriebene Blume würde man heute als eine „Bybloeme" bezeichnen. Und da der Verfasser nun die Namen von 1323 Sorten aufführt, wenngleich nur von 74 die vollen Beschreibungen vorliegen, so kann man daraus einen Begriff von der Mannigfaltigkeit der damaligen Tulpenculturen gewinnen.

Mit Recht hat v. Diez weiterhin darauf aufmerksam gemacht, wie sehr die in dem Manuscript des Lalézari auseinandergesetzten zwanzig Schönheitsregeln mit denen übereinstimmen, die zur Zeit der Tulpenmode in den verschiedenen europäischen Culturländern, mit geringen Varianten im Einzelnen, maassgebend waren. Er verweist diesbezüglich auf die gute und klare Darstellung derselben bei Ph. Miller[1] und zieht S. 6 daraus den Schluss, „dass man in Europa diese Regeln bei Ueberpflanzung der Tulpen hat zu Grunde legen wollen". In der That ist die Uebereinstimmung der von den Türken und von den Europäern für eine schöne Tulpe erforderten Eigenschaften eine sehr grosse; so gross, dass eigentlich nur in einem Punkt eine Differenz besteht. Die schöne türkische Tulpe war nämlich nach Lalézari spitzblätterig, wofür man seine Regeln 4—6 vergleichen möge, der abendländische Geschmack verlangte dagegen zu jener Zeit eine möglichst stumpf gerundete Form der Blumenblätter. Und in der That scheinen die ursprünglich von den Türken bezogenen Blumen alle spitzblättrig gewesen zu sein; die sämmtlichen bei Clusius abgebildeten Sorten gehören in diese Kategorie. Und bei Langlois,[1] Passaeus,[1] ja selbst bei Parkinson[1] sind von den vielen abgebildeten Blumen nur wenige so stumpfblättrig, wie sie die Mode in der zweiten Hälfte des 17. und im 18. Jahrhundert erforderte.

Gegen die v. Diez'schen Folgerungen, dass sowohl diese Schönheitsregeln, als auch die Sortennomenclatur, wie sie heute für die Gartenblumen üblich ist, türkischen Ursprungs und nur von den Europäern übernommen seien, wird man einwenden, dass diese nicht auf türkische Manuscripte des 18. Jahrhunderts begründet werden dürfen, da ja die Tulpencultur in Europa schon um die Wende des 17. begonnen und somit inzwischen eine Rückwirkung auf die Türken stattgehabt haben könnte. Es ist das aber doch ausserordentlich unwahrscheinlich. Denn es scheint ausgeschlossen, dass ein echter Türke in jener Zeit dergleichen von den Ungläubigen übernommen haben sollte; es müsste denn ein Renegat gewesen sein, der von früherer Zeit her europäische Einwirkungen festgehalten hätte. Nun führt aber unser Lalézari ausdrücklich S. 14 an, dass die Tulpen bei Kennern sehr hoch stehen, „dass viele in der Flur des Verlangens nach ihnen begriffen sind", er giebt eine Anzahl älterer Namen, z. B. S. 16 „Mihir Suleimani des verstorbenen Suleiman Agha" und redet S. 28 von „ehemaligen Blumenkennern", die das Bewässern untersagt haben, so lange die Schwänze noch in der Kehle stecken (d. h. so lange der Trieb noch nicht über die Zwiebel hervorgetreten ist). Und bei Besprechung der Narcissen sagt er S. 37: „Einige alte Lehrer haben gesagt, dass man die gelbe Narcisse alle drei Jahre einmal ausheben müsse". Das Alles spricht dafür, dass ihm frühere türkische Schriften über die Zwiebelcultur vorlagen, die wir nicht mehr kennen, dass er also auf alttürkischem Boden fusste, und dass von diesem sowohl die Namen als die Schönheitsregeln abzuleiten sein werden. Nun braucht man aber bezüglich beider durchaus nicht an eine directe einfache Uebertragung ins Abendland zu denken, es ist vielmehr wohl möglich, dass man dort nur ganz im Allgemeinen von der Existenz einer solchen Nomenclatur und solcher Regeln erfahren und beide dann in analoger Weise sich selbst entwickelt habe. Aber jedenfalls muss festgehalten werden, dass vor Einführung der türkischen Blumen in Europa dergleichen nicht bekannt war, dass also nach dem hier Ausgeführten die Türken die Priorität dafür in Anspruch nehmen dürfen.

Bei Clusius[1] freilich findet sich von solchen Sortennamen noch nicht die geringste Spur, wohl aber 1614 bei Passaeus,[1] wo die Tulpen nach ihren Eigenthümern bezeichnet werden, z. B. „Tulipa Andreae de Helsdinge argentea rubris maculis punctata, Tulipa Hugoni de Goyer lutea, color rubris flammis divisa" (sic!). Dies wird wohl die spätere „gemarmerde de Goyer" sein. Und ähnliche Bezeichnungen sind auch den Tulpen bei Langlois[1] auf Spruchbändern beigeschrieben, aus denen man die Namen der ältesten Tulpenliebhaber Hollands kennen lernt. Die Entwicklung der Mode knüpft naturgemäss an das Seltene, Aussergewöhnliche an. Die meisten aus der Türkei bezogenen Tulpen waren spitzblättrig, sie waren roth oder gelb, oder mit beiden Farben geflammt. Es ist also durchaus begreiflich, dass bei der starken Zunahme der Cultur dieser Blumen die raren Sorten mit anderweitigen Farbennüancen, mit stumpfen, gerundeten Blättern bevorzugt und vermehrt wurden, und dass es bald dahin kam, dass man gelbe und rothe

Tulpen für gemein und minderwerthig ansah. Es setzte sich so ein Canon der Werthschätzung fest, der den Tulpen mit weissem Grund und mit lackrother oder violetter, scharf gezeichneter Streifung den ersten Rang zuwies, die ja in der That auch heute noch vor allen anderen geschätzt werden. Wie ausschliesslich diese Geschmacksrichtung die Niederlande beherrschte, das kann man aus den Bildern der guten altholländischen Blumen- und Stilllebenmaler erkennen, auf denen man kaum jemals andere als solche Tulpen antreffen wird.

Ein pium desiderium aller alten Autoren war vor Allem eine reinblaue Tulpe, die indess trotz aller Anstrengungen nicht erzielt werden konnte. Laurember g[1] sagt S. 123: „Inter omnes colores flavae et rubrae Tulipae minus aestimantur preciosae. Nam uti sunt copiosiores, ita viliores. Albae non sunt in nullo honore. Multo nobiliores variegatae et virides. Omnium rarissimae caeruleae". Und derselbe Autor führt auf S. 118 aus, dass weder er noch irgend ein ihm bekannt gewordener Schriftsteller je eine wirklich blaue Tulpe gesehen habe, und lässt deutlich durchblicken, dass er an deren Existenz nicht recht glaubt. Eine weitläufigere Transscription dieser Stelle hat Elsholtz.[1]

Es konnte nun natürlich, nachdem man so viele weiss- und gelbgrundige Sorten mit Panachirung in verschiedenen Farben erzogen und benannt hatte, nicht ausbleiben, dass man die Systematik aller dieser Sorten durch Einführung von Gruppenbezeichnungen zu vervollständigen suchte. Und wie sehr die Mode die Spättulpe bevorzugte, erkennt man wiederum daran, dass dergleichen Gruppirungen nur für diese, aber durchaus nicht für die doch gleichfalls vielfarbigen praecoces durchgeführt worden sind. Aus den Händen der Liebhaber hervorgegangen, haben dieselben freilich etwas schwankendes, sie haben sich in verschiedenen Culturländern in verschiedenartiger Weise entwickelt und sind im Laufe der Zeit wohl auch einigermaassen verschoben worden. Heute besteht eigentlich allein noch die holländische Nomenclatur; die französische, die mit ihren barocken Namen „paltot, morillon, agate, marquetrine" am weitesten abweicht, ist gänzlich verschwunden und bietet kein weiteres Interesse. Ueberliefert ist diese uns nur bei La Chesnée Monstereux und ein paar Nachdrucken desselben, die man bei d'Ardene[1] S. 33 besprochen findet. Ich kenne das Werk von La Chesnée selbst nur aus der deutschen Uebersetzung eines dieser Nachdrucke in Heinrich Hessens[1] Gartenlust.

In Holland unterscheidet man heute: 1. Einfarbige oder Muttertulpen (französisch couleurs); 2. buntfarbige oder gebrochene (französisch parangonirte). Unter diesen giebt es zwei Hauptsorten, nämlich die Bizarden mit gelbem Grund und verschiedenfarbiger Panachirung, und die Flamandes, die weissgrundig sind und, wenn die Panachirungsfarbe violett, als Bybloemen, wenn sie roth, als „Roses" bezeichnet werden.

Mehrfarbige, den sogenannten marquetrines der altfranzösischen Nomenclatur entsprechende Sorten sind in Holland niemals in grosser Achtung gewesen. Alle die berühmten alten Sorten, wie Semper Augustus, Admiral Liefkens, Gouda u. s. w., von denen wir noch colorirte Abbildungen besitzen, sind durchweg Bybloemen oder Roses.

Die verständlichsten Darstellungen, die über diese Systematik in der Litteratur zu finden sind, haben Elsholtz,[1] v. Brocke,[1] Lüder,[1] Vol. II, S. 242 und C. Chr. Ad. Neuenhahn,[1] Vol. II, S. 264, doch weichen diese von der heute üblichen Bezeichnungsweise insofern ab, als für die jetzigen Roses der Name „Bybloemen" gebraucht wird, die weiss und violetten Sorten dagegen wesentlich „Baguetten" heissen. Das dürfte wohl auf einer Verwechslung beruhen, indem die Bezeichnungen „Baguettes" und „Baguettes rigaux", die früher mehr im Gebrauch waren, sich ursprünglich auf Differenzen in der Länge und Stärke des Blüthenschaftes bezogen haben werden. In allerneuester Zeit ist durch Krelage eine Kategorie weissgrundiger Tulpensorten erzogen worden, die sich durch leuchtende Farbe der sonst viel matteren Aussenseite der Blume und durch aussergewöhnlich hohe und kräftige Schäfte auszeichnet. Dies sind die sogenannten Darwintulpen.

Ziemlich früh treten auch schon gefüllte Sorten auf. Die erste finde ich 1665 bei Vallot[1] S. 181 als „Tulipa lutea centifolia, le monstre jaune double" erwähnt. Tenzel[1] spricht 1690 Nov. S. 1041 von einer Tulpe, Sol genannt, die 24 Blätter hat, und von einer anderen „solo sicut sol" mit 200 Blättern, und sagt, er wolle diese beiden höher estimiren als den Semper Augustus. Es erwähnt ferner Rudbeck[1] im Jahre 1701 eine Tulipa serotina, flore pleno flavo vario, desgleichen werden solche 1745 von A. v. Haller in der dritten Edition von Ruppius' Flora jenensis aufgeführt. Schöne Abbildungen derselben giebt Weinmann[1] Vol. IV, S. 463 c. t. Unter diesen sind auch solche mit grünen Streifen auf den Blumenblättern. Sogar von der gewöhnlichen Tulipa silvestris hat man im Anfang dieses Jahrhunderts eine gefüllt blühende Sorte gehabt, wie aus Loiseleur Deslongchamps,[1] Vol. II, S. 140 und 141 hervorgeht.

Eine eigenthümliche Variationsreihe ist es, die man jetzt mit dem Namen der Papageitulpen belegt. Sie sind roth, oder gelbgrundig mit rother Panachirung, gehören also zu den Bizarden, zeichnen sich aber durch die unregelmässige Krümmung und durch die starke Einschneidung und Zerschlitzung der Blumenblätter aus. Auch diese Gruppe ist bereits am Ende des 17. Jahrhunderts fertig vorhanden gewesen. Bei Vallot[1] (1665) S. 181 wird eine Tulipa lutea, lituris quibusdam viridibus et sanguineis distincta, flore maximo laciniato „le monstre jaune" erwähnt, desgleichen 1701 bei O. Rudbeck,[1] Tom. II, S. 108 abgebildet, welche Linné im Hortus Upsaliensis 1748 citirt. Bei Ruppius ed. III sagt

Albrecht v. Haller: „Si flos fuerit major et petala dissecta tunc monstrum vocatur.“ Und Weinmann[1] bildet 1745 zwei rothe und eine gelbgrundige roth panachirte Papageitulpe ab, die er gleichfalls (Vol. IV, S. 463) als Monstrosen bezeichnet.

Die erste Spur einer solchen, wennschon noch sehr unvollkommenen schlitzblättrigen Form aber habe ich bei Sebastian Schedel[1] (1610) in einer gelben Tulpe mit gezähnten Blumenblättern gefunden, eine weitere bei Langlois[1] (1620), sie trägt auf dem zugehörigen Spruchband die Bezeichnung „Tulipa Jacobi Bommi lutei coloris coccineis flammis divisa et ornata“. Auf einer späteren Tafel desselben Werkes finden sich noch zwei andere Tulpen ähnlicher Art, aber nur mit crenaten Blumenblättern und ohne Angabe der Farbe. Da sich nun aber in den alten holländischen Blumenbüchern nirgends eine Spur der Papageitulpe nachweisen lässt, so dürfte diese wohl eine Züchtung der Franzosen sein, bei welchen überhaupt die Bizarden, zu denen sie gehört, nie so wie in Holland in Missachtung kamen; v. Brocke[1] sagt (1771) von diesen Monstrosen, sie seien nicht mehr in Achtung, die rothen aber würden noch für die Besten gehalten. Letzteres ist auch heute noch der Fall.

Für die rasche Vermehrung der Tulpensorten seit dem Anfang des 17. Jahrhunderts liegen zahllose Zeugnisse in der Litteratur, in Catalogen und Abbildungswerken vor. Man kann aus diesen auch ersehen, wie sich die Liebhaberei an unserer Blume von Flandern und Holland aus allmählich bis in die abgelegensten Winkel verbreitete. Dass wir aquarellirte Tulpenbilder aus der ersten Hälfte des 17. Jahrhunderts in einiger Ausdehnung besitzen (vergl. z. B. Cos[1]), verdanken wir hauptsächlich einem uns von Lauremberg[1] S. 117 überlieferten Umstand. Er sagt: „Amstelodami venalia prostant innumera Tuliparum genera quarum icones non solum vivis coloribus eleganter expressae, emptoribus primum inspiciendae offeruntur, sed etiam Tulipae ipsae nominibus propriis insignitae.“ Dergleichen Bildersammlungen stellen die im Litteraturverzeichniss sub Cos,[1] Anon.[1,18,19,20,21] aufgeführten Manuscripte dar. Erwähnung verdienen ferner die Bilder bei Passaeus[1] im Tractatus Tuliparum, der allerdings den meisten Exemplaren des Werkes fehlt, und den Pritzel offenbar nicht gekannt hat. Denn er schreibt: „ver: tabb. 41 aeneae (Hallero 54).“ Gerade diese 13 Haller vorgelegenen Tafeln stellen aber den Tractatus dar; ich kenne dieselben nur aus einem Exemplar der Strassburger Bibliothek und aus einem solchen der Bibliothek Krelage zu Harlem. Weiter wären hier zu nennen: Seb. Schedel[1] (1610), Elsholtz[2] 1661, Simula[1] 1720, Weinmann[1] 1745, hier eine der schönsten mir bekannt gewordenen Tulpen „der weisse Canarienvogel“, Trew[1] 1768, Buchoz[1] 1781, Sweet[1] 1829—1832. Die Anzahl der Tulpensorten beträgt bei Cos[1]

300; in dem Verzeichniss der zu Gayerau bei Gottschee in Krain cultivirten werden von Valvassor[1] (1689) 107 erwähnt, die riesigsten Collectionen waren wohl im vorigen Jahrhundert beisammen, wofür man die Angaben über die 5000 Tulpensorten des gräflichen Gartens zu Pappenheim und die 2500 Sorten des Markgräflich Baden-Durlachschen Gartens zu Karlsruhe in Betracht ziehen möge. Letzterer Garten scheint seine Cataloge in Vorrath haben drucken zu lassen, das Exemplar der Bibliothek Krelage zeigt die Jahreszahl nicht ausgefüllt, nur der Vordruck 173— ist vorhanden (Anon. 3).

Gar manche der zur Zeit des Tulpenschwindels berühmt gewordenen Sorten waren übrigens schon 1623 bekannt und werden in diesem und den folgenden Jahren bei Wassenaer[1] erwähnt. Als solche sind z. B. Coornhert, Switser, Semper Augustus, Testament Clusii, Oudenaarders, Croonen zu nennen. Den ersten Rang hat lange der Semper Augustus eingenommen, wie denn Wassenaer[1] VII Junius 1624 S. 111[a] über ihn das Folgende schreibt: „Dieser Augustus ist zuerst aus Welschland gekommen, und da dem ersten Besitzer seine Schönheit kaum bewusst geworden, erst von Anderen in Reputation gebracht worden; einige Liebhaber haben zu dieser Zeit Flandern, Brabant und Welschland durchlaufen, ihn aber dort nicht wieder gefunden, sie haben wohl andere schöne Blumen bekommen, die indess vor diesem Augustus haben weichen müssen. In Lille (Ryssel) haben die Blumisten wohl einen, den sie Par Augustus, d. h. parem Augusto, dem Augustus ähnlich, nennen, aber es ist ein grosser Unterschied zwischen diesem und dem echten, von dem er etwa ein Bastard genannt werden könnte.

Es scheint, dass unter diesen die Hoheit Augusti beneidet wird, wie man denn findet, dass unter den Leuten dieser Societät im Geheimen verbreitet wird, es gebe in Cöln eine Tulpe „Hoogh Orangie", schön weiss geflammt mit blauem Grund; das ist aber Schwindel, man wünschte nichts, als nur ein Blatt davon zu sehen. Wenn die wirklich kommt, so wird sie Monarch sein, und die schönste von Allen, die jemals der Erde entsprossten. Aber, non cuivis homini contigit adire Corinthum."

Schon Levier[2] S. 65 hat mit Nachdruck darauf hingewiesen, dass die Tulpe schon zu der Zeit, als Linné seine binäre Nomenclatur schuf, in unzähligen verschiedenfarbigen Formen in den Gärten Mitteleuropas verbreitet war, dass dem Namen Tulipa Gesneriana, unter dem Linné alle diese zusammenfasste, demgemäss keine wild wachsende Pflanze zu Grunde liegt, und es also müssig ist, nach der wilden Urform dieser Tulipa Gesneriana zu forschen. Es war Linné die Zusammenfassung aller dieser Gartentulpen zu einer einzigen Species ursprünglich sehr schwer angekommen, er musste sich über seine Zweifel an der Berechtigung derselben mit einem Gewaltstreich, einem Compromiss mit sich selber, hinwegsetzen, wie aus der folgenden interessanten

Stelle des Hortus Cliffortianus hervorgeht. Sie lautet S. 118: „Tentarunt botanici varietates recensere omnes, infructuoso licet conamine, at superati dudum ab hortulanis anthophilis quibus res cordi esse debet. Olim huic studio finem imponere debuissent botanici.

Obstupui dum Harlemi in sede anthophilorum aspexi qua industria hanc suam scientiam excoluere artis magistri; sane incredibili studio imposuere singulis propria nomina, nominibus authoritatem, authoritati pretium: valuere haec nomina, ter centum licet plura inter eos, ut vulgatissimarum plantarum nomina inter doctissimos botanicos, licet nec descriptiones, nec figurae, nec characteres, nec systemata arti opem tulerint. Tentavi in hac florum sede fundamenta artis haurire sed omni studio, omni adhibita autopsia oleum operamque perdidi; hoc tantum intellexi, doctissimum esse botanicum qui species a varietatibus distinguere novit, nec falsis speciebus botanicen onerat; tyroni itaque commendo verba poëtae: O formose puer nimium ne crede colori.“

Es wurde schon vorher erwähnt, dass man in Holland und Frankreich im 17. und 18. Jahrhundert (in England noch im Anfang des unsrigen, wofür man die Angaben bei J. Slater[1] vergleichen möge) sehr viele Tulpen aus Samen gezogen hat. Das geschah, weil die Erfahrung gelehrt hatte, dass man auf diesem Wege neue Sorten in grosser Zahl erhielt, deren Werth die Langweiligkeit des Weges, auf dem sie erzielt wurden, übersehen liess. Genau dasselbe gilt heute für die Züchtung der Bastardrhododendren aus Samen, die, wie die Tulpen, ihre ersten Blüthen erst nach einer ansehnlichen Reihe von Jahren entfalten. Nun haben uns die älteren Autoren höchst merkwürdige Thatsachen überliefert, welche bei dieser Samenzüchtung der Tulpen beobachtet werden, deren erneute experimentelle Controlirung bezüglich der Einzelheiten heute eine sehr dankenswerthe Aufgabe für Liebhaber der Blumen und für Botaniker sein, aber freilich, da jedes Experiment zum Mindesten zehn Jahre verlangt, leicht mehr als ein Menschenleben in Anspruch nehmen würde. Es handelt sich dabei um das sogenannte Parangoniren, oder, wie man in Holland und England jetzt meist sagt, Brechen der Tulpen. Den klarsten, sich vornehmlich auf La Chesnée Monstereux stützenden, aber auch, theilweise wenigstens, auf eigener Beobachtung beruhenden Bericht darüber verdanken wir d'Ardene[1] S. 103. Eine gute und übersichtliche Darstellung des Einschlägigen ist auch bei Lüder,[1] II, S. 253 zu finden.

d'Ardene giebt an, dass aus dem gesäten Samen Pflanzen sehr verschiedener, aber gewöhnlich einfacher, nicht panachirter Farbe hervorgehen; dass ferner einzelne bei der ersten Blüthe panachirte Exemplare vorkommen, die aber nur selten scharf gezeichnete, den üblichen Schönheitsregeln entsprechende Sorten darstellen, gewöhnlich verschwommene, unklare Farben zeigen, und als werthlos entfernt werden müssen.

Wenn man aber dann die einfarbigen, sogenannten Couleurs oder Expectanten weiter cultivirt, so verändern viele davon mit der Zeit ihre Farbe, nehmen schöne Panachirungen an und ergeben neue gute Sorten. Das kann nach zwei oder drei Jahren erfolgen, kann aber auch in einzelnen Fällen viel später eintreten. Nun giebt es aber unter diesen Muttertulpen Sorten, welche leicht, und andere, welche überhaupt nicht oder nur schlecht parangoniren. So z. B. sollen es diejenigen, die am Grund der Blumenblätter einen schwarzen Fleck nach Art von Tulipa praecox oder Oculus solis zeigen, niemals thun, und sollen gute Panachirungen nur von solchen Pflanzen erwartet werden dürfen, bei welchen der weisse, gelbe oder blaue Nagelfleck der Blumenblätter scharf gegen die übrige Grundfarbe abgesetzt erscheint. Es lässt sich ferner schon an der Muttertulpe erkennen, ob sie beim Parangoniren eine Bizarde oder eine weissgrundige Flamande liefern wird. Letztere entsteht nämlich nur dann, wenn gar kein Gelb in den Farben der Blumenblattbasis zu finden ist, wenn zumal auch deren inneres Gewebe weiss gefärbt erscheint. Wo Gelb vorhanden, wird man unweigerlich eine Bizarde erzielen, sobald die Pflanze parangonirt, und das auch dann, wenn der unverletzte Nagel blau oder weiss erscheint, und die hellgelbe Farbe erst beim Abkratzen der Epidermis zum Vorschein kommt. Auch spitzblättrige Tulpen, die in den Samensätzen erscheinen, müssen, weil sie diesen, den Schönheitsregeln nicht entsprechenden, Charakter constant zu erhalten pflegen, gleich bei der ersten Blüthe ausgerissen und vernichtet werden. Bis dahin sind die Angaben der älteren Autoren durchaus klar und übereinstimmend. Anders aber verhält es sich bezüglich der Frage nach den Mitteln, die man anwenden soll, um das Parangoniren zu beschleunigen. Da gehen die Ansichten sehr auseinander, indem die Einen Verpflanzung in mageren Boden, Andere Urindüngung anrathen, wieder Andere meinen, Cultur in feuchtem Sandboden bestimmter Orte, in Holland, bei Braunschweig, wirke befördernd ein; man sende sogar die Muttertulpenzwiebeln von weit her an einen gewissen Gärtner in Brüssel, in dessen Gartenterrain sie mit besonderer Leichtigkeit zu parangoniren pflegten. Eine ganz bestimmte diesbezügliche Notiz finde ich bei v. Brocke[1] S. 125, wo er sagt: „Der Gärtner in dem medicinischen Garten in Braunschweig hatte viele 100 Stück Baguetten, welches einfarbige Mutterblumen waren; 1770 aber waren die schönsten gestreiften Primobaguetten daraus geworden; hingegen hatten seine Mutterblumen von denen Bybloemen noch wenig Streifen zugelegt; mit der Zeit werden aber solche auch schön werden. Wer also einen Garten hat, in welchem ein leichter sandiger Boden ist, der thut wohl, wenn er sich einige Hundert von denen Mutterblumen kommen lässt."

Und ebenso ist es offenbar den alten Liebhabern höchst controvers gewesen, von welchen Tulpensorten man den auszusäenden Samen zu sammeln hat, um möglichst günstige Parangonirungsresultate bei der Progenies zu erzielen. Man vergleiche hierüber d'Ardene[1] S. 104—105. Die Einen schreiben vor, den Samen von einfarbigen, rothen, violetten, aber nicht von gelben Tulpen mit dunkeln Staubgefässen und weissem oder blauem Grund zu entnehmen, Andere ziehen weiss und roth panachirte oder weissblüthige als Samenträger vor. Diese letztere Angabe geht auf Clusius[1] zurück, der S. 139 das Parangoniren in Kürze behandelt und angiebt, er habe von einer weissen Frühtulpe, deren Samen er selbst gesammelt und eigenhändig ausgesäet, nach fünf bis zehn Jahren weisse, gelbe und rothe, sowie auch panachirte Blumen erhalten, von denen die gelben und rothen zumeist ihre Farben behielten, theilweise aber auch veränderten. Das lehrt uns denn auch unmittelbar, dass auch die Türken das Geheimniss der Sortenerziehung wohl gekannt haben müssen.

Inwieweit nun alle diese Angaben zuverlässig sind, das müsste im Einzelnen durch erneute Experimente geprüft werden. Dass sie aber, in den Grundzügen wenigstens, zutreffen, davon habe ich mich durch die Liebenswürdigkeit der Herren Krelage in Harlem überzeugen können, die mir nicht nur mit ihren Erfahrungen zu Hülfe kamen, sondern mir auch mit grösster Freundlichkeit eine eingehende Besichtigung ihrer blühenden Tulpenfelder ermöglichten. Ich erfuhr zunächst, dass Züchtung von Tulpen aus Samen heute in den holländischen Etablissements wohl kaum mehr vorkomme, dass man aber überall genügende Vorräthe einfarbiger Sorten besitze, die in gewöhnlicher Weise durch Seitenzwiebeln vermehrt werden, und dass unter diesen hier und da, besonders bei gewissen Sorten, neue panachirte Pflanzen durch Parangoniren auftreten, die man, wenn sie der Mühe werth, isolirt und als neue Sorten vermehrt. Da die betreffenden Muttertulpensorten zum Theil schon lange, 50 und mehr Jahre, bekannt sind, so ergiebt sich daraus, dass sie nicht bloss in den ersten Jahren zum Parangoniren neigen, dass dies vielmehr auch nach langer Zeit noch bei einzelnen Individuen eintritt. Ich sah denn auch in den blühenden Sätzen dieser Muttertulpen hier und da einzelne panachirte Blumen, aber stets nur in geringer Zahl, oft nur eine bis vier oder fünf. In weitaus den meisten Sätzen jedoch fehlten dieselben gänzlich. Der Einwand lag natürlich nahe, das seien keine Parangonirungen, sondern einfach panachirte Zwiebeln, die zufälliger Weise unter die anderen gerathen und mit ihnen gepflanzt worden seien. Allein bei genauerer Einsicht musste ich mich doch davon überzeugen, dass dieser Verdacht nicht stichhaltig ist. Denn da aus geschäftlichen Gründen absolut peinlichste Sortenreinheit erforderlich ist, werden alle Tulpensätze zur Blüthezeit controlirt, um jegliches fremdartige Element daraus zu entfernen. Und da zu dieser Zeit die Tochterzwiebeln noch fest mit der Mutter verbunden zu sein pflegen, ist die Wahrscheinlichkeit, dass solche beim Ausheben der falschen Pflanzen im Boden verbleiben, äusserst gering. Dazu kommt nun aber weiter, dass ein Feld, welches in einem Jahr Tulpen getragen, im nächsten nie wieder mit diesen bepflanzt wird, vielmehr stets ganz anderen Culturen dient, wo dann die etwa im Boden verbliebenen Tulpenzwiebeln wiederum als Unkraut beseitigt werden. So ist man denn sicher, dass der Acker, den man mit Tulpen bepflanzt, keine Spur mehr von denen der letzten Cultur in sich birgt. Dass aber auf der anderen Seite das Auftreten der panachirten Blumen in den einfarbigen Sätzen nicht etwa auf einzelne im Aufbewahrungsraum an unrechte Stelle gekommene Zwiebeln geschoben werden kann, das geht unmittelbar aus der Thatsache hervor, die ich, nachdem ich von Herrn Krelage darauf aufmerksam gemacht war, überall selbst in den Feldern constatiren konnte, dass man in violetten Muttertulpensätzen mit weisser Basis nur Bybloemen, in den entsprechenden rothen nur Roses, in den Sätzen mit gelber Basis nur Bizarden findet. Mitunter freilich sieht man Bizarden mit hellem, blassgelbem Grund und rother oder violetter Panachirung in scheinbar weissgrundigen Muttertulpensätzen der entsprechenden Farben auftreten. Aber bei genauerer Untersuchung erkennt man dann doch, dass das Weiss des Grundes kein ganz reines ist und dass es eine leichte Beimischung von Gelb enthält. Eine derartige Concordanz der panachirten Exemplare mit der Farbe der Sätze, in denen sie stehen, wäre, falls diese nicht durch Parangoniren entständen, ganz unbegreiflich. Haben wir es aber mit parangonirten Pflanzen zu thun, dann finden die Angaben d'Ardene's durch die heutigen Befunde in allen wesentlichen Punkten volle Bestätigung. Zu untersuchen bleibt indessen noch, ob, wie es nach den älteren Autoren den Anschein hat, das Parangoniren bei jungen, erst kürzlich aus Samen erzogenen Muttertulpen vielleicht in reicherem Maasse als späterhin eintritt.

Es ist im Uebrigen die Farbenänderung der Tulpen, die man mit diesem Ausdruck belegt, vom botanischen Standpunkte aus kaum als etwas Aussergewöhnliches zu bezeichnen. Sie fällt einfach in die grosse Kategorie der Knospenvariation, der Sportbildung, hinein, der wir so viele Chrysanthemum-, Camellien- und Rosensorten, wie z. B. die Moosrosen, verdanken, die als Sportknospen an gewöhnlichen Centifolien entstanden, wofür man Carrière, Production et fixation des variétés dans les végétaux 1865 und L. H. Bailey, Plant breeding 1896 vergleichen möge. Denn die einzige Differenz zwischen der Rose und der Tulpe ist die, dass die erstere viele Seitenknospen erzeugt, die an den Trieben früherer Jahre sich entwickeln, die letztere dagegen nur eine oder ein Paar, deren Mutterglied zu Grunde geht, so dass sie frühzeitig selbstständig werden. Und wie es bekannt ist, dass gewisse Farben und Sorten der Chrysanthemen leichter und häufiger sporten als andere, ohne dass man den Grund dafür angeben könnte, so giebt es eben auch bei den Tulpen analoge Unterschiede.

Es wäre nun freilich sehr merkwürdig, wenn die Knospenvariation bei unseren Blumen immer nur in einer Richtung, die durch das Auftreten der Panachirung bezeichnet ist, sich einstellen würde. Allein es ist das auch durchaus nicht der Fall, und wenn man die abweichenden Sportformen in der Regel in der Litteratur nicht erwähnt findet, so kommt das meist nur daher, weil diese, als dem Canon der Schönheitsregeln nicht entsprechend, sofort ausgemerzt und vernichtet zu werden pflegten. In erster Linie gehört hierher die Rückkehr der panachirten Tulpen zur Einfarbigkeit, die altbekannt ist, die ich in den Krelageschen Tulpenculturen verschiedentlich beobachtet habe, die auch d'Ardene,[1] S. 215, erwähnt, indem er dazu eine Stelle des Rajus[1] citirt.

Weiter aber wäre hier der sogenannten Tulpendiebe zu gedenken, über die ich in der Litteratur nichts als eine kurze Notiz Krelage's[1] gefunden habe, Sie lautet: „There are a great number of varieties of Tulips among which is a form of atavism. Occasionally some specimens lose their character and return to a form of Tulips with narrow flowers and mostly of one colour only. These tulips are known in Holland as thieves and are always taken out and thrown away as of no value. We have for some years planted these variations separately and found them constant. They have no horticultural value at all, or at least a very small one, but from a scientific point of view they seem to be of great interest, and only as such are they offered. We continue our observations in this matter, which perhaps will give an opportunity to make some communication later."

Ich habe diesen Tulpendieben bei meinem Besuch in Harlem am 16. Mai 1897 besondere Aufmerksamkeit gewidmet und deren eine grosse Zahl beobachtet, auch deren Zwiebeln in den botanischen Garten zu Strassburg überführen können. Sie zeichnen sich nun sammt und sonders durch zwei auffallende Charaktere aus, nämlich durch ihre zugespitzten, häufig sehr schmalen Blumenblätter; und dann dadurch, dass das Vorblatt ihrer Hauptseitenzwiebel sich laubblattartig ausbildet, womit stets die Bildung eines diese letztere selbst senkrecht in die Tiefe führenden Ausläufers verbunden ist. Dieser Charakter der Zwiebel, der bei den normalen Culturtulpen sich nur äusserst selten findet, bietet grosses Interesse und erfordert weitere eingehende Untersuchung. Die Farbe ihrer Blüthen ist wechselnd, ich sah sie meistens einfarbig, trübweinroth, einigermaassen an die Tulipa Sommierii erinnernd, aber dunkler als diese; seltener purpurn oder rein weiss, ferner in einzelnen Fällen panachirt, und zwar weinroth und gelb, oder purpurn und gelb. Diese gelbpanachirten hatten sich nebst mehreren weinrothen mit gelblicher

Basis in einem Satz sehr schön weiss und roth geflammter Roses entwickelt, die indessen durch eine leichte Gelbfärbung an der Basis eine Hinneigung zur Bizardenreihe verriethen. Sehr auffallend war es mir, dass die gleichen einfarbig weinrothen Diebstulpen sowohl in panachirten Bybloemen und Rosessätzen, als auch, und zwar sehr zahlreich, in solchen bizarder Papageitulpen auftraten. Dass sie aber Knospenvariationen darstellen und nicht auf unordentliche Sortirung zurückgeführt werden können, ergiebt sich sowohl aus dem oben bezüglich des Parangonirens Gesagten, als auch weiterhin aus dem Umstand, dass eine Sorte, die den weinrothen Diebstulpen gliche, in allen Culturen Krelage's durchaus nicht zu finden ist. Woher hätten also die verwechselten Zwiebeln kommen sollen.

In naturgemässer Weise lässt sich hier die Besprechung einiger seit lange in den Gärten cultivirten Sorten anfügen, deren im Bisherigen noch nicht gedacht worden ist. In erster Linie handelt es sich um die Tulipa acuminata Vahl (Tulipa turcica Roth, media Agardh., stenopetala Mord. de Launay). Dass diese Pflanze nicht, wie gewöhnlich angenommen wird, eine eigene Species darstellt, sondern in irgend einer Weise von dem Formenkreis der Gartentulpen derivirt, davon bin ich, nachdem ich sie sowohl in Göttingen, als auch in Strassburg in jahrelanger Cultur beobachtet habe, vollkommen überzeugt. Schon die ausserordentliche Neigung zu Anomalien, Minderzähligkeit des Gynaeceum, Trennung und unvollkommenem Schluss der Carpelle, Vergrünung des Perigons, deutet darauf hin.

Dazu kommt, dass über ihre Herkunft absolute Unsicherheit herrscht. Im botanical Register II, t. 127, heisst es zwar, sie sei 1815 von Mr. Hamilton aus Constantinopel gebracht worden, und Redouté,[1] t. 435, lässt sie im Jahre 1811 aus Persien importirt werden. Aber fast gleichzeitig, um 1812, hat sie nach Bellermann[1] der botanische Garten zu Berlin vom Professor Fischer in Gorenki bei Moskau erhalten, und A. G. Roth[1] in Vegesack war sie gar schon 1797 bekannt. Denn dass dessen Beschreibung hierhergehört und nicht zu Tulipa silvestris, zu welcher sie von Baker[1] citirt wird, ist mir vollkommen ausser Zweifel. Da sie nun alle Charaktere einer „tulipe voleuse" aufweist, die schmalen zugespitzten Blumenblätter, die einfach gelb, oder roth, oder in beiden Farben panachirt sein können und in fadenförmige Spitzen auslaufen, die Senkerbildung an den Tochterzwiebeln, die Constanz der Blüthencharaktere, so zweifle ich kaum, dass sie einfach eine solche darstelle, die, in irgend einem Garten zufällig aufgetreten, wegen ihres auffälligen Aussehens vermehrt und in den Handel gebracht worden ist. Die erwähnten Angaben über das Vaterland können mich daran nicht irre machen. Ihre Unbestimmtheit und Ungleichheit deutet vielmehr erst recht darauf hin, dass sie nur von den ursprünglichen Züchtern aufs Gerathewohl hinzugefügt worden sein mögen, um der neuen Form im Handel die Wege besser zu ebnen.

Das Gleiche dürfte dann weiterhin von der Tulipa campsopetala Delaunay's[1] gelten, von der ich allerdings nur die Abbildung, Vol. III, t. 171 kenne. Es ist eine gelbe, hellroth geflammte, spitzblättrige Tulpe, die 1819 in den Pariser Gärten bereits gemein war und mit dem Namen „la Bossuelle" bezeichnet wurde. Delaunay will sie aus ihrem Samen in gleicher Form wieder gezogen haben!

Nachdem im Bisherigen das Verhalten der Tulpe in den Culturen Europas nach allen Richtungen besprochen worden ist, erübrigt jetzt noch die Darstellung der sogenannten Tulipomanie in Holland, die als pathologische Erscheinung wohlbekannt, den Gipfelpunkt der übertriebenen Werthschätzung seitens der Liebhaber bildet. Darstellungen derselben findet man ja, wie bekannt, in unzähligen Büchern der verschiedensten Art. Eine Menge daran sich knüpfender Anekdoten sind so allgemein bekannt, dass sie hier nicht nochmals im Detail wiederholt zu werden brauchen. Trotz dieser ausgedehnten Litteratur, oder vielmehr gerade wegen derselben, muss aber zuvörderst auf die darauf bezüglichen Quellen der Ueberlieferung etwas eingegangen werden. Denn diese sind ausserordentlich spärlich; ihr Verständniss lässt trotz der reichlichen Benutzung noch immer an vielen Stellen zu wünschen übrig; die wesentlichsten derselben sind litterarische Seltenheiten und bei den Autoren, die von einander abschrieben, oder doch nur secundäre Quellen benutzten, so in Vergessenheit gekommen, dass man sie bis in die neueste Zeit hinein, mit Ausnahme von Beckmann,[3] gar nicht mehr citirt findet.

In allererster Linie sind da die drei Unterredungen (t'Samenspraecken) zwischen Waermondt und Gaergoedt, Anon.[15] zu erwähnen, deren Inhalt und Entstehung ausführlich von J. Sautyn-Kluyt[1] besprochen worden sind. Sie stellen Spottschriften von lehrhaftem Charakter in volksthümlicher Einkleidung dar. Zwei ungebildete Einwohner Harlems, vermuthlich Weber, unterhalten sich über den Gegenstand. Gerade dieser Umstand aber ist es, der die Benutzung und das Verständniss erschwert. Denn die Darstellung beschäftigt sich, dem Bildungsstand der beiden Interlocutoren entsprechend, fortwährend mit den äusserlich zu Tage tretenden Erscheinungen, ohne jemals die inneren Zusammenhänge darzulegen, so dass man diese in Folge dessen durch sorgfältige Vergleichung und Textinterpretation hervorzuziehen suchen muss. Diese t'Samenspraecken müssen wohl ein ungewöhnliches Aufsehen erregt haben, denn nachdem sie im Jahre 1637 bei Adriaen Roman in Harlem erschienen waren, wurde schon 1643 ein zweiter Abdruck erforderlich, der, im Text unverändert, aber durch einen Anhang mit dem Titel: „Floraes sotte bollen: afgemaelt in Dichten en

Sangen door verscheyde Autheuren" bereichert, bei Cornelis Dankartsz zu Amsterdam erschien. Dieser Anhang stellt eine Sammlung von Spottgedichten und Gesprächen dar, die sich auf den Gegenstand beziehen, aber sowohl der Form als dem Inhalt nach verhältnissmässig geringwerthig erscheinen. Ausserdem enthält er die verkleinerte Reproduction eines 1637 erschienenen Spottbildes, welches auch viel später noch einmal (1720) in die Sammlung „Het groote Tafereel der Dwasheid" aufgenommen worden ist. Dieses Spottbild, dessen Originalausgabe ich bei Herrn Krelage gesehen habe, trägt den Titel: „Floraes Gecks-kap Afbeeldinge van't wonderlijcke jaer 1637 doen d'eene Geck d'ander uytbroeyde, de Luy rijck sonder goet en wijs sonder verstand waeren." In einer grossen, vorn offenen Narrenkappe tagt, als in einem Zelt, eine Comparitie (das Wort, beigeschrieben, will besagen: Tulpenbörse). Dahinter zieht einerseits Flora (durch Beischrift kenntlich gemacht) auf einem Esel ab, von Leuten mit Stöcken bedroht. Auf der anderen Seite stehen Männer in feiner und in abgerissener Kleidung, über die ein mit Flügeln und Hörnern versehener in einer Hand eine Sanduhr haltender Teufel eine lange Stange ausstreckt, an der eine kleine Narrenkappe und darunter eine Menge Papiere — werthlos gewordene Kaufbriefe über Tulpen — baumeln. Im Vordergrunde werden aus Körben und Schubkarren die Tulpenzwiebeln auf den Kehricht geworfen.

Eine dritte Ausgabe, genauer Nachdruck der zweiten, ist endlich 1734 in Harlem bei Johannes Maarshorn herausgekommen, nach der Vorrede ausdrücklich, um bei den damals ausserordentlich gestiegenen Hyacinthenpreisen als Warnung vor einer neuen Auflage des Blumenschwindels zu dienen. In deutschen Bibliotheken scheinen diese t'Samenspraecken nicht vorhanden zu sein, auch in British Museum habe ich sie vergeblich gesucht, dagegen finden sich alle drei Editionen, und die dritte sogar in zwei Exemplaren, in der trefflichen Sammlung des Herrn E. H. Krelage in Harlem. Auf eines dieser Exemplare der dritten Edition, welches mir der Besitzer freundlichst für längere Zeit zur Verfügung stellte, beziehen sich die hier gegebenen Citate. Bei Sautyn Kluyt finde ich ein Exemplar der zweiten Edition aus der königlichen Bibliothek im Haag, ein solches der dritten aus der Bibliothek der Maatsch. d. Nederl. Letterkunde in Leiden, und ein ebensolches aus der königlichen Bibliothek im Haag erwähnt, wobei bemerkt wird, dass diese beiden letzteren nicht ganz genau miteinander übereinstimmen. Sautyn Kluyt,[1] S. 8.

Es haben sich übrigens von dieser Gelegenheitslitteratur aus der Zeit des Tulpenschwindels auch noch einige andere nicht in die Sammlung Floraes sotte bollen aufgenommene Stücke erhalten, die im Litteraturverzeichniss unter Anon.[2,4,6,8,10,11,14] aufgeführt, da sie keine grosse Bedeutung besitzen, hier nicht weiter besprochen zu werden brauchen.

Nur an einem überaus seltenen Flugblatt möchte ich nicht vorbeigehen, welches auch Sautyn-Kluyt,[1] S. 14, nach Frederik Müller erwähnt, ohne es indess gesehen zu haben. Ein Exemplar desselben findet sich in E. H. Krelage's Sammlung zu Harlem. Es ist ein Kupferstich in ziemlich grossem Format, dem ein langes Spottgedicht beigefügt ist. Unter dem Bild steht als Motto das Folgende: „de Mallewagen alias het Valete der Bloemisten — Ofte voor windt uittocht nae Kales en Reye uit om in vloet te versuypen." Auf dem von Sautyn-Kluyt citirten Exemplar scheint nach seiner Reproduction die Beischrift, obwohl gleichen Sinnes, doch etwas anders zu lauten, nämlich: „Ne sutor ultra crepidam, ofte Floraes Windt-Waeghen, verg. met haer sotte Kinderen seylende uyt Holland naer Calis." Ein Wagen, nach Art einer Chaiselongue gestaltet, und durch ein an einem Mast befestigtes Segel vom Wind bewegt, trägt Flora und einige opulente, aus langen Spitzgläsern trinkende Floristen, die mit Tulpen bekränzt sind. Flora selbst hält drei Tulpen in der Hand, denen die Namen „Semper Aug.", „General Bol" und „Admiral van Hoorn" beigeschrieben sind. Ein Vogel fliegt davon, daneben steht „ydel hope". Auf dem Boden vor dem Wagen liegen zahlreiche Tulpen mit beigeschriebenen Sortennamen. Viel Volk läuft hinter dem Wagen her, daneben steht: „wy willen met vaeren". An den Tauen, die den Mastbaum halten, hängt ein kletternder Affe, der auf die im Wagen befindliche Gesellschaft scheisst. In den Ecken des Blattes befinden sich kleinere Bildchen mit Unterschriften, nämlich: I. „Pottebackers Hof", Darstellung einer Besichtigung der Tulpen im Garten. II. und III. „Comparitien der Blumisten in Hoorn und in Haarlem." IV. „Als is geschieden sotte daet, so word gesocht en wysser raet."

Der Autor des Bildes ist nicht angegeben, wird aber wohl der Maler Hendrik Pot gewesen sein, der nach Burger, Musées de la Hollande, Paris 1858—1860, von 1633—1639 Schützenlieutenant in Harlem war. Denn die Gallerie dieser Stadt hat ganz neuerdings aus Privatbesitz ein Oelbild von seiner Hand erhalten, welches, wesentlich mit unserem Stich übereinstimmend, nur in Details abweicht. Die Narrenanzüge der Floristen sind grün und roth halbirt, die Tulpen in Floras Hand sind in den Farben gehalten, wie sie den auf dem Stich beigeschriebenen Namen entsprechen. Es fehlen die Eckbilder, die Blumenkränze der Floristen, die Tulpen auf dem Fussboden und endlich der in den Tauen kletternde Affe.

Es giebt schliesslich auch unter dem blauen Delfter Steingut Schüsseln mit Darstellungen, die sich auf die Tulipomanie beziehen. Mein College, Prof. Forster, sagt mir, dass er solche in der Sammlung des Amsterdamer Museums gesehen. Ich selbst habe, bei einem allerdings kurzen Aufenthalt daselbst, vergeblich nach denselben gesucht.

Wichtige Nachrichten über den Tulpenhandel verdanken wir Th. Schrevel[1] und N. de Wassenaer;[1] besonders des Ersteren Darstellung ist zur Ergänzung des Gaergoedt und Waermondt unentbehrlich, doch sind diese Autoren erst in neuester Zeit durch Sautyn-Kluyt als Quellen herangezogen worden. Sonst kommt noch A. Munting[1] in Betracht, der zwar selbst auf Waermondt und Gaergoedt fusst, aber doch einige Notizen aus eigener Erfahrung hinzufügt. Und eine einzige der allbekannten Anekdoten, die von dem Matrosen, der eine kostbare Tulpenzwiebel zu einem ihm vorgesetzten Hering verspeiste, so dass sein Frühstück dem Besitzer derselben so theuer kam, als habe er den Prinzen von Oranien bewirthet, wird zuerst von J. B. Schuppius,[1] als Jugenderinnerung von seinem Aufenthalt in Holland her, erzählt. Eine andere von dem Engländer, der, wegen Diebstahls von Zwiebeln angeklagt, sich vor Gericht in Harlem vertheidigte, gehört gar nicht dahin, da sie nahezu 100 Jahre jünger ist. Auf sie wird weiterhin noch zurückzukommen sein.

Nach alledem sieht man ein, dass die Haupt- und Urquelle, auf der unsere Kenntniss jener Geistesverwirrung fusst, der Waermondt und Gaergoedt ist, wie dies auch Sautyn-Kluyt bereits gebührend hervorgehoben hat. Eine aus demselben geschöpfte Darstellung wurde in den Meteranus novus, eine wichtige und verbreitete Chronik, aufgenommen, und aus diesem bei Marquardus[1] reproducirt. Und diese beiden Bücher sind es, auf welche bis in die neueste Zeit die Autoren fussen, im Fall sie sich nicht begnügen, einfach von einander abzuschreiben.

Neuerdings ist dann in Holland der Gegenstand wieder einige Male besprochen worden. Sehr unbedeutend sind die Arbeiten von P. W. Lothes[1] 1840, und von H. W. T. Tijdeman.[1] Viel besser, besonders wegen der Heranziehung bisher nicht beachteter Quellenwerke, erweist sich die Abhandlung von Sautyn-Kluyt,[1] und an sie schliesst sich als wichtige Ergänzung und Verbesserung eine Kritik im Ned. Spectator seitens eines ungenannten Autors, Anon.[7] an.

Die grosse Werthschätzung der fremden orientalischen Prachtblumen, die nicht nur in den Niederlanden, sondern auch im Reich, in Frankreich und Italien um die Wende des 16. Jahrhunderts herrschte, ist allbekannt. Wir haben oben gesehen, dass Clusius selbst diese Gewächse nicht nur verbreitet, dass er auch aus ihrem Verkauf beträchtlichen Nutzen gezogen hat. Und da die Liebhaber in der Regel reiche Leute waren, die ihre Mussestunden bei den Blumen zu verbringen pflegten, so ist es begreiflich, dass neue und schöne Sorten sehr begehrt wurden und stark im Preise stiegen, genau so wie es in unserem Zeitalter mit alten Möbeln und mannigfaltigem Hausrath, wie es neuerdings mit den an sich absolut werthlosen Briefmarken der Fall gewesen ist. Hohe Preise, die für eine Tulpenzwiebel bezahlt wurden, sind desswegen an sich noch durchaus kein Zeichen für die Schwindelperiode, die man sich als die Zeit der Tulipomanie zu bezeichnen gewöhnt hat. Es fällt diese Periode erst in die dreissiger Jahre des 17. Jahrhunderts; exorbitante Preise sind aber, wie aus Wassenaer,[1] 1623, Fol. 36[a], hervorgeht, schon viel früher von einem begüterten Liebhaber an den anderen bezahlt worden. Es heisst da: „Man hat gesehen, dass für zehn von diesen Zwiebeln 12000 fl. geboten wurden und dass doch kein Kauf zu Stande kam." — Und anderen Orts (Aprilis 1625, Fol. 9[b]): „und hat man für zwei Zwiebeln 3000 fl. geboten, aber der Eigenthümer konnte sich noch nicht zum Verkauf entschliessen, indem er so speculirte; seine Waare, die doch Niemand sonst hat, werde zu gering geachtet, und da man sie doch nirgends als bei einer Person, die nicht verkaufen will, bekommen kann, so solle man sie hoch schätzen." Welcher Art Leute es waren, die sich der Blumenpflege widmeten, zeigt ferner folgende Stelle desselben Buches (1623, deel V, fol. 35[b]): „In dem Herrensitz Heemstede (dicht bei Harlem gelegen), der einer der schönsten Plätze in Holland ist und dessen Besitz und Titel jetzt Dr. Adrian Paauw, Pensionaris der Stadt Amsterdam, hat, habe ich einen Hof voll von vielen verschiedenen Tulpen gesehen, in dessen Mitte ein ringsum mit Spiegeln versehenes Cabinet war, in welchem alle diese Blumen so zierlich ihr Bild reflectirten, dass es ein königlicher Sitz zu sein schien."

Bei der Leichtigkeit, mit welcher sich eine gegebene Tulpensorte aus ihren Seitenzwiebeln vermehren lässt; bei der Jedermann vor Augen liegenden Möglichkeit, aus Samen neue Sorten zu erhalten, mussten nun solche Preise natürlich auf das Gärtnereigeschäft einwirken. Gar mancher Gärtner wird sich, in der Hoffnung reich zu werden, auf die Tulpenzucht geworfen haben; manch' neuer Garten wird zu diesem Zweck angelegt worden sein. Sagt doch Wassenaer,[1] V, 1623, Fol. 35[b], ausdrücklich: „Unter vielen von diesen kostbaren Blumen, die auch mit Namen betitelt sind, wie Laprock, Coornheert, Switser, ist eine, ihrer Schönheit halber Semper Augustus genannt, dieses Jahr die vornehmste gewesen; ihre Farbe ist weiss mit lackroth, von dem blauen Grund aus gegen oben auf gleichartige Weise geflammt; niemals sah ein Blumist schönere als diese, keine Tulpe ist in grösserer Werthschätzung gewesen, man hat eine davon für 1000 fl. verkauft, und dabei war der Verkäufer, wie er sagte, noch zu kurz gekommen, da er nämlich beim Aufnehmen merkte, dass sie zwei Seitenzwiebeln hatte, die im nächsten Jahre zwei Blumenknospen hervorgebracht hätten, und so war er um 2000 fl. verkürzt; diese Setzzwiebeln sind die Rente, die sie geben, ohne das Capital zu schädigen, das sind die Reichthümer, die man dabei so hoch preist", und weiterhin: „Eine Zwiebel von 60 fl. hat durch ihre Ablegerzwiebeln in kurzer Zeit 20 Procent Avance gegeben, das Stück nur zu einem Schilling gerechnet. Das ist das Oraculum."

Der Spott über solche Leidenschaft blieb natürlich nicht aus, man findet ihn bereits vor 1620 in Roemer Visscher's[1] Zinnepoppen, wo, wie Sautyn-Kluyt,[1] S. 22, schreibt, auf einer Kupfertafel zwei Tulpen und zwei Tulpenzwiebeln abgebildet und mit folgendem Verschen begleitet sind: „De lust kost seker veel. Dees tuylige (unverständige) bloemisten om een so teeder (zart) waer, hun herde geldt verquisten (verschwenden)." Es scheint aber, dass sie schliesslich noch dadurch gesteigert wurde, dass, wie Munting[1] berichtet, und wie auch Roemer Visscher[1] nach Sautyn-Kluyt,[1] S. 25, andeuten soll, bei der Frauenwelt in Paris die Mode aufkam, diese Blumen zu Toilettenzwecken zu verwenden und mit ausgeschnittenen Kleidern an der Brust zu tragen. Man beschenkte seine Maitressen mit solchen und wie es in dergleichen Fällen zu gehen pflegt, waren die theuersten als Renommirstücke am gesuchtesten.

Das gab denn wiederum einen weiteren Sporn zur Ausbreitung des Tulpengeschäftes. Und die aussergewöhnlich lange Dauer der Blumenmode ermöglichte es den Züchtern, sich in verhältnissmässig kurzer Zeit zu bereichern. In der That gehörte dazu nichts als sorgfältige Cultur und die Chance, dass man aus den aus Samen erzogenen Muttertulpen gelegentlich durch Parangoniren neue, schöne Sorten erzielte, die dann stillschweigend vermehrt, und nach und nach in kleinen Posten auf den Markt gebracht werden mussten. Eine grosse Capitalanlage war durchaus nicht nöthig, ein Gärtchen und der Ankauf einiger einfarbigen Tulpen, die nicht so viel kosteten, waren alles, dessen man bedurfte. Allerdings war das ganze Geschäft auf gegenseitiges Vertrauen basirt, da es gar nicht controlirbar war, und man weder der gekauften Zwiebel ansehen konnte, was für eine Blume sie bringen würde, noch auch in allen Fällen direct Betrug behaupten durfte, wenn letztere schlecht ausfiel, weil ja Jedermann wusste, dass die Zwiebeln mitunter ohne ersichtlichen Grund zur Einfarbigkeit zurückkehren (vergl. Gaergoedt-Waermondt, III, S. 68, 76, 86).

Es wäre ein Wunder gewesen, wenn solch' ein bequemes und einträgliches Geschäft nicht Anklang bei Leuten, die gern reich werden wollten, gefunden hätte. In steigender Anzahl wandten sich solche der Blumenzucht und dem Blumenhandel zu, die selbst die dazu nöthige geringe Anlage nur durch Verkauf ihres Geschäftes oder Handwerkzeugs, durch übermässige hypothekarische Belastung ihrer Häuser aufbringen konnten. Die erzielten Gewinne, so speculirte man, sollten bald alles repariren. Damit begann alsbald die Speculationsperiode und mit dieser der erste Keim des Tulpenschwindels. Sautyn-Kluyt,[1] S. 65, erzählt, dass noch im Anfang des Jahrhunderts, nahe bei der Stadt Harlem, eine

Anzahl winziger Gärtchen bestanden, die aus jener Zeit sich erhalten hatten. Wie mir Herr Krelage mittheilt, befanden sich diese gerade in der Gegend, in der jetzt sein Haus und Etablissement gelegen ist.

Anfänglich hat man seine Zwiebeln sicherlich zu der Zeit gehandelt, wo sie lieferbar waren, von Ende Juni ab, wo sie aus dem Boden genommen werden können, bis zum September, wo sie wieder eingepflanzt werden müssen. Dann wird sich das Geschäft allmählich auf das ganze Jahr ausgedehnt haben, und nun natürlich auf Lieferungsfrist im Sommertermin geschlossen worden sein. Da nun, je nach der Nachfrage, sich Differenzen in den gebotenen Preisen einstellten, so lag jetzt das Differenzgeschäft auf der Hand; Geldspeculanten bemächtigten sich des Tulpenhandels, als einer geeigneten Unterlage für ihre Zwecke; die Zwiebeln als solche traten in den Hintergrund und die Sache artete zum reinen Börsenspiel aus. Kennt doch Gaergoedt, III, S. 83, von vielen Tulpen, mit denen er handelt, nur eben die Namen und weiss überhaupt nicht, wie deren Blumen aussehen. Dass eben diese Auffassung schon damals bei den Behörden in Holland maassgebend war, geht unmittelbar aus den gegen den Tulpenschwindel getroffenen Maassnahmen der Stadtverwaltung von Harlem und aus dem bezüglichen Berichte des Bürgermeisters von Harlem an den Hof von Holland hervor, in welchem nämlich vor Allem auf ein Verbot des Tulpenhandels auf Lieferungstermin gedrungen wird, oder vielmehr die Bestätigung des in der Stadt bereits am 7. März erlassenen Verbotes Anon.[23],[25],[27],[28], erbeten wird.

Es sind ferner die Zwiebeln, die doch in jedem Jahr nur eine Blume geben können, ursprünglich gewiss ausschliesslich stückweise verkauft worden. Als aber dann die Geschäfte auf Lieferungszeit Platz griffen, musste das für den Verkäufer ungünstig werden, da man ja nicht wissen konnte, ob die in der Erde befindliche Zwiebel nur eine oder mehrere Seitenknospen produciren werde. Man vergleiche dazu die S. 77 abgedruckte Stelle aus Wassenaer[1]. Man ging desshalb zum Verkauf nach dem Gewicht über und notirte das Gewicht der einzelnen Zwiebel, bevor man sie einpflanzte. Das hatte mehrfache Vortheile, denn einmal ermöglichte es den Verkauf noch junger, nicht blühbarer Nebenzwiebeln zu entsprechenden Preisen, und auf der anderen Seite konnten starke Zwiebeln, die die Chance reichlicher Nachkommenschaft in höherem Grade boten, unter günstigeren Bedingungen abgesetzt werden. Auch der Käufer konnte seine Chancen übersehen; sein Risico bestand in der Ungewissheit, wieviel solcher Nebenzwiebeln im Laufe der Wachsthumsperiode gebildet wurden, deren jede bei den feineren Tulpensorten je ein kleines Capital repräsentirte. Man suchte dem gelegentlich Rechnung zu tragen, indem man in den Kaufcontracten den Preis für bestimmte Gewichtsmengen normirte und dann der Zahlung das Gewicht zur Lieferungszeit zu Grunde legte. Ein solcher Contract findet sich z. B. bei Gaergoedt u. Waermondt, II, S. 51, wo ein Uytroep von 1060 Azen (von denen 10240 auf ein Amsterdamer Pfund gehen), beim Verkäufer gepflanzt, nach dem Herausnehmen und gehörigen Abtrocknen mit 275 fl. pro 1000 Azen bezahlt werden sollte, wobei das, was er dann über oder unter eintausend wog, nach dem Verhältniss hinzuzubezahlen resp. abzuziehen war.

In welchem Grade die Tulpenzwiebeln zuletzt nur die an sich gleichgültige Unterlage einer grenzenlosen Speculation waren, ergiebt sich daraus, dass man dahin kam, von der Berechnung nach Stückgewicht abzugehen und nach beliebigen Gewichtssätzen nach 500, 1000, 2000 Azen, nach halben und ganzen Pfunden, zu verkaufen, ganz ohne zu wissen, ob man später gerade diese Gewichtssätze in ganzen Zwiebeln werde zusammenbringen können. Jetzt nahmen auch die mindergeschätzten Sorten, die vorher nahezu werthlos gewesen waren, an dem Preisaufschlag Theil, man verkaufte sie nach Pfunden und es bildete sich für sie die charakteristische Bezeichnung „pontgoedt“ aus. Solches pontgoedt war für Jedermann leicht zu beschaffen und konnte man sich also wohlgemuth in das Speculationsgeschäft stürzen, ohne besondere Sorge wegen der Lieferungstermine, wenn anders man an diese überhaupt noch dachte, zu hegen.

Nach und nach entwickelte sich eine vollständige, börsenmässige Organisirung der Tulpengeschäfte. Es entstanden Collegien, die in den Wirthshäusern ihre Sitzungslocale hatten, dort ihre Zusammenkünfte (Comparitien) hielten, die ihre bestimmten Gebräuche und Usancen beim Kauf und Verkauf ausbildeten, die eventuelle Differenzen unter sich beglichen. Man findet bei Schrevel[1] die folgende Stelle: „Diese Händler nahmen täglich in dem Maasse zu, dass eine Herberge nicht genügte und sie kamen aus allen Quartieren zusammen, wesshalb viele Collegien sich aufthaten und viele Comparitien gehalten wurden, und zwar zum Wohlgefallen der Gastwirthe und damit der Handel blühen möchte. Dort sass man auf hohen Stühlen wie Rathsherrn, die übers Kaufen und Verkaufen von Blumenwaaren zu wachen hatten, die auch nach ihrer Manier Gesetze gaben und nach Wohlgefallen wieder aufhoben.“

Ueber die Formen, unter denen sich die Geschäfte an den Tulpenbörsen abwickelten, sind wir durch Gaergoedt und Waermondt einigermaassen unterrichtet. Doch ist hier die Darstellung nicht übermässig klar, desshalb auch von Sautyn-Kluyt[1] nicht völlig verstanden, viel besser durch den ungenannten Kritiker, Anon.[7] wiedergegeben worden. Es gab nämlich zwei Formen des Geschäfts, deren eine als Verkauf „met de schijven ofte borden“, die andere als solcher „in het ootje“ bezeichnet wurde. Die erste wird bei Gaergoedt und Waermondt folgendermaassen beschrieben: Gaergoedt: „Wenn Ihr Lust dazu habt, will ich Euch wohl ein Cargasoentje verkaufen, und weil Ihr ein guter Mann und mein guter Freund seid, dieses ein 50 Gulden billiger geben als einem anderen und dabei sage ich noch, dass ich Euch, falls Ihr in einem Monat damit noch keine hundert Reichsthaler gewonnen haben solltet, mit so viel unter die Arme greifen will." Waermondt: „Ei was ist das doch für ein trefflicher Vorschlag. Wenn ich aber besagtes Gut hätte, wie sollte ich es denn los werden? Sollen die Leute nun zu mir kommen oder muss ich es ausbieten?" — Gaergoedt: „Das will ich Euch wohl sagen. Ihr müsst in eine Herberge gehen, ich will Euch deren schon einige nennen, denn ich weiss wenige oder keine, wo nicht Collegien sind, und wenn Ihr dort seid, mögt Ihr fragen, ob keine Floristen da sind; wenn Ihr dann auf deren Stube kommt, werden, weil Ihr ein Neuling seid, Einige schreien wie die Enten, Einige werden sagen: „eine neue Hure im Bordell" und so weiter: aber darum dürft Ihr Euch nicht stören, das ist einmal so; Euer Name wird auf eine Schiefertafel geschrieben und dann gehen die Borden um, das heisst: jeder der in dem Collegium ist, muss die Borden geben, der Reihe der Namen nach, die auf der Tafel stehen. Und wer dieselben hat, muss nach einiger Waare fragen, Eure Waare dürft Ihr nicht feilbieten, selbst wenn Ihr darum verlegen wäret, aber wenn Ihr es Euch gesprächsweise entfallen lasst und Jemand Lust dazu hat, so wird es Euch wohl leicht angemerkt werden oder Ihr werdet die Borden darauf kriegen. Wenn nun die Borden darauf gegeben werden, so wählt jeder einen Mann, der Käufer und der Verkäufer; der Verkäufer geht zu den Leuten und fordert so gesprächsweise für seine Waare, wenn sie etwa 100 werth ist, 200, dann kommt der Käufer und wenn er die Forderung hört, hält er sie für ganz unsinnig und bietet so viel zu niedrig, als der erste zu hoch gefordert hat. Die Männer (Makler) bestimmen dann den Werth, jeder bekommt einen Strich auf seine Borde, die Männer sprechen den Preis aus, wenn sie ihn nach ihrem Sinn gefunden haben: Ihr lasst Euren Strich auf Eurer Borde stehen und wenn Verkäufer und Käufer beide die Striche haben stehen lassen, so ist der Kauf perfect; wenn im Gegentheil beide ausgewischt haben, so ist es nichts; wenn einer von beiden seinen Strich hat stehen lassen, so wird es nur dem angerechnet, der ausgewischt hat, und zwar so viel, als vorher durchs Collegium bestimmt war; an einigen Plätzen sind es zwei Stüber, an anderen drei, an anderen fünf, ja sechs. Und auch wenn es Kauf ist, giebt der Käufer vom Gulden einen halben Stüber und wenn der Kauf 120 Gulden oder mehr beträgt, drei Gulden, und das selbst, wenn es ein Kauf wäre von 1000 Gulden und darüber."

Der ungenannte Kritiker im Ned. Spectator giebt dazu die folgende, meines Erachtens im Wesentlichen zutreffende Erklärung: „Die Namen der in der Comparitie anwesenden Theilnehmer werden auf eine Schiefertafel geschrieben und es bekommt in der Reihenfolge ein Jeder derselben auf seinen Platz die „Borden“ (d. h. kleine Schreibtäfelchen) in Zweizahl. Wer nun die Borden hat, darf seine Waare nicht ausbieten, sondern muss bei den Anderen um das, was er zu kaufen wünscht, Nachfrage halten, wobei er etwa andeuten darf, was er zu verkaufen hat. Er kann z. B. sagen: „Ich habe mehr gelbe als ich brauche, aber ich wünsche weisse zu kaufen.“ Der Besitzer der weissen erhält dann, falls er seine Geneigtheit, solche abzugeben, ausspricht, eines der „Borden“, während das andere dem Käufer verbleibt. Jeder von Beiden wählt nun einen Schiedsrichter. Diesen Schiedsrichtern erklärt erst der Verkäufer, wie viel er für seine Waare verlangt, dann der Käufer, nachdem ihm der verlangte Preis mitgetheilt worden, wie viel er seinerseits bietet. Die Schiedsrichter normiren danach den zu zahlenden, ihnen billig erscheinenden Preis und machen einen Strich auf jedes der beiden Borden. Nun steht es Käufer und Verkäufer frei, den so bestimmten Preis zu acceptiren oder abzulehnen; wer ihn annimmt, lässt den Strich auf seinem Täfelchen stehen, wer nicht, wischt ihn aus. Haben beide ausgewischt, so kommt kein Geschäft zu Stande, lassen beide stehen, so ist es perfect und dann bezahlt der Käufer sofort ein Weinkaufgeld, dessen Höhe in der angegebenen Weise sich nach der Kaufsumme berechnet, dessen Hälfte aber bei der Bezahlung durch den Käufer von der Kaufsumme abgezogen wird (W. G., II, S. 62); und zwar geht dieser Weinkauf ans Collegium, das damit die Kosten der Comparitien bestreitet.“ Dem muss ich jedoch hinzufügen, dass nach dem Text von Gaergoedt und Waermondt die Weinkaufszahlung durchaus nicht immer dem Käufer zufällt, sondern auch dem, der durch Auswischen des Striches das Perfectwerden des Geschäftes vereitelt hat, gleichsam als Strafzahlung. Und das kann der Käufer so gut als der Verkäufer sein. Dass der Weinkauf für die Bedürfnisse des Collegiums verwendet wird, geht ganz klar aus Gaergoedt und Waermondt, I, S. 5, hervor, wo Gaergoedt auf des Waermondt Frage, was man damit anfange, antwortet: „Muss man nicht trinken, Tabak, Bier und Wein? Feuerung und Licht wird davon bezahlt, man gedenkt auch der Armen und der Waisen.“

Auf der anderen Seite wird bei Gaergoedt und Waermondt, II, S. 62, die Verkaufsform „in het ootje“ wie folgt beschrieben: Waermondt: „Wohl; geht denn der Handel anders zu als beim Verkauf mit den Borden.“ Gaergoedt: „Das will ich Euch sagen. Wenn die Borden herumgegangen sind, dann nimmt man die Schiefertafel und zeichnet darauf beistehende Figur  . In den obersten Halbkreis schreibt man die Tausender, in den mittelsten die Hunderter; der untere runde Zirkel ist das Ootje, in dem das Geld steht, welches der erhält, der das Höchste schreibt (bietet); unter das Ootje die Zehner, daneben die einzelnen Gulden und die Stüber. Man fragt, ob Jemand etwas ins Ootje setzen will; wenn dann Jemand dazu bereit ist, wie das immer der Fall, der setzt dann etwas hinein. Angenommen, es handelt sich um einen Gouda von 30 Azen. Man fragt: Wer setzt ein? Der das Höchste bietet, der soll einen Doppelstüber oder drei, ja vier, fünf, sechs Stüber haben, je nach der Gepflogenheit des Platzes und je nachdem Ihr denkt, dass die Compagnie bieten wird. So sagt denn der Eine 50, der Andere 75, ein Anderer 100, ein Anderer bietet 125, ein Anderer 150, ein Anderer 200, so lange, bis Stillstand eintritt und Niemand weiter zu bieten begehrt. Dann sagt derjenige, der an der Tafel sitzt: Niemand bietet, Niemand nichts, einmal, zweimal, Niemand bietet, Niemand nicht, bevor ich weiter gehe. Dabei macht er drei Striche und zeichnet ein O rund um, dann sagt er weiter: Niemand nichts, einmal, Niemand mehr zum zweiten Mal, Niemand nicht zum dritten Mal, Niemand nicht zum vierten Mal overrecht und zieht einen Strich durch, und wenn der Verkäufer den Kauf genehmigt, ist er perfect, wenn nicht, so erhält er das Geld umsonst (offenbar ist hier nicht der Verkäufer, sondern der Meistbietende gemeint), nämlich die zwei, drei, vier, fünf oder sechs Stüber, je nachdem, was eingesetzt ist. Wenn der Kauf zu Stande kommt, so giebt man so viel Weinkauf, als man bei den Borden giebt." Das ist also, im Gegensatz zum Verkauf mit den „Borden", eine einfache Versteigerung unter eigenthümlicher Form. Auch hierzu giebt der unbekannte Kritiker des Ned. Spectator, Anon,[7] eine sehr zutreffende Erklärung. Sie lautet: „Der an der Schiefertafel Sitzende, man kann ihn den Secretarius nennen, zeichnet die bewusste Figur auf die Tafel. Das Ootje (kleine o) auf der Mitte des Längsstrichs dient, um darin einzuzeichnen, wie viel Stüber der Verkäufer dem höchsten Bieter verspricht. Wenn das eingetragen ist, beginnt das Aufbieten, bis endlich Niemand mehr höher gehen will. Dann schreibt der Secretarius an dem Strich über und unter dem Ootje die tausende, hunderte und einzelnen Gulden, die die gebotene Summe beträgt, an und frägt dreimal, ob Niemand mehr bietet, jedes Mal einen Strich machend, die zuletzt mit einem Kreis umzogen werden. Wenn er dann endlich zum vierten Male fragt, zieht er einen Querstrich durch die drei anderen und ertheilt damit den Zuschlag. Damit ist der Käufer zur Zahlung verpflichtet, falls der Verkäufer das Gebot genehmigt, aber auch im gegentheiligen Falle erhält derselbe die von jenem ins Ootje gesetzte Summe. Diese Summe stellt das dar, was an vielen Stellen der t'Samenspraecken als „drietje" erwähnt, aber nicht näher erklärt wird". Diesen Namen leitet der Verfasser der Kritik in überzeugender Weise von den drei quer durchgestrichenen Strichen ab, die die einzelnen Phasen der Auction bezeichnen. Gaergoedt sagt z. B. I, S. 6: „Ja, ich machte auch noch schönen Profit, ich machte wohl sechs oder sieben drietjens; wenn ich circa 12000 fl. verhandelte, so fielen die drietjens wie Wassertropfen von den Strohdächern, wenn es geregnet hat.“

Und während beim Verkauf mit den Borden dem Verkäufer die halbe Weinkaufssumme abgezogen wird, geschieht das nicht beim Geschäft in t'ootje, offenbar, weil der Käufer hier schon eine entsprechende Summe mit dem ins ootje gesetzten Geld von Vornherein empfangen hat, eine nochmalige Belastung des Verkäufers also unbillig sein würde. Desswegen wurde dem Kaufbrief, wenn Bezahlung zur Lieferungszeit ausbedungen war, immer hinzugefügt „met de borden“ oder „in het ootje.“

Zwei derartige Kaufverträge bei Gaergoedt und Waermondt, II, S. 50:

„Am 12. November 1636 verkauft an N. N. eine gemarmerde de Goyer von 357 Azen, für die Summe von 70 Gulden, gepflanzt im Garten von N. N. in t'ootje.“

„Am 9. December 1636, gekauft von N. N. eine geel ende roodt van Leyden von 578 Azen, für die Summe von 260 Gulden, gepflanzt im Garten des N. N. met de borden.“

War der Tulpenhandel anfangs streng reell und Vertrauenssache gewesen, so schlichen sich bei seiner weiteren Steigerung, bei seiner börsenmässigen Ausbildung mehr und mehr Betrügereien und Geschäftskniffe, die theilweise sehr zweifelhaften Charakters waren, ein.

Mancherlei derart ist uns bei Gaergoedt und Waermondt, sowohl als bei Schrevel[1] überliefert. So meint Waermondt z. B. III, S. 68, die eingetretene Tulpenkatastrophe stamme nicht nur von der enormen Preishöhe, sondern eben so viel von der Zweifelhaftigkeit der Lieferanten her und belegt dies mit folgendem Satze: „Nein, auf ein Blümchen oder zwei kommt es in der That nicht an, aber mein Cousin (der stark am Tulpengeschäft betheiligt war) sagt, dass er Leute gesprochen habe, die pfundweise gekauft hatten Croonen und anderes Gut, welches sich dann herausstellte als „Vroege dubbelde coleuren etc.“ und: „Lest was ein Mann dazu meint, der auch selbst darüber klagte, und sagte: dass er eine late Blijenburger, einen Jan Gerrits, einen Tourlon, einen Gouda, einen Manassier, ein Roosjen und andere Zwiebeln gepflanzt hatte, und die waren dann bloss „dubbelde coleuren“ und noch Schlimmeres.“ Wenn dies directer Betrug ist, so kommt dem eine andere beliebte Procedur in praxi recht nahe. Bei der Masse der feilgebotenen Sorten war es an und für sich schwer, sie alle auseinander zu halten. Man konnte also leicht mit neuen auf den Markt kommen, wenn sie auch nur wenig von anderen verschieden waren. Und da wendete man denn alle Mittel an, um solch' eine neue oder angeblich neue

Sorte begehrenswerth erscheinen zu lassen, um sie theuer verkaufen zu können. Einen schönen Belag für dieses Vorgehen giebt Gaergoedt, III, S. 83, in der Antwort auf Waermondt's Frage, wie denn die Blumen zu so vielen besonderen Namen kommen. Er sagt: „Wenn Jemand eine Veränderung (Parangoniren) eines Blümchens hat, so sagt man das einem oder dem anderen Floristen, worauf das Gerücht davon unter allen Floristen umgeht, so dass jeder begierig ist, dasselbe zu sehen; wenn es ein neues Blümchen ist und Niemanden bekannt, so hört man umher, was für ein Urtheil Jeder darüber abgiebt. Der Eine sagt, es gleicht dem, der Andere jenem, wenn es einem Admiral gleicht, Euch aber besser dünkt, so macht Ihr einen General daraus, oder Ihr benennt es nach Euch selbst oder Eurem Geschäft und dann beschenkt Ihr es mit einem Fässchen Weins, damit die Liebhaber den Namen besser im Gedächtniss behalten.“ Wenn hier als Bestechungsmittel nur Wein genannt wird, so wird man es in gegebenen Fällen auch zum gleichen Zweck an Geldgeschenken oder Versprechungen nicht haben fehlen lassen. Ein gutes Bild von all' den zuletzt in Schwung gekommenen Kniffen giebt uns in lakonischer Kürze Schrevel,[1] wenn er sagt: „Inzwischen sind heimliche Betrüger aufgetreten, die als Spione täglich unter dem Volk verkehrten, in alle Collegien gingen, um zu hören, was dort vorging, und diese Schleicher machten die Preise im Blumenhandel. Da sind auch solche gewesen, die ausgesandt waren und sich verhielten, als ob sie gar nichts davon verständen, die aber genau auf Alles, was gesprochen wurde und was vorging, aufpassten. Es gab auch solche, die sich in die Gunst der Blumisten schlau und arglistig zu insinuiren wussten, da diese an einen Betrug nicht dachten, die bei den neuen Blumisten Credit genossen, die den Handel der Blumisten zu steigern und zu vergrössern wussten und die Preise der Blumen unglaublich in die Höhe trieben. Hierdurch wurden die beginnenden und ungeübten Blumisten allmählich brennend vor Begierde nach den Blumen gemacht, wie Menschen, die nicht recht bei Sinnen.“

Bei dem lustigen Leben in den Comparitien ist ja das Auftreten solcher Leute durchaus begreiflich; selbst wenn dieselben nichts anderes davon gehabt hätten, als dass sie mitschlemmen konnten, so war doch das schon genügend, um sie zu veranlassen, das Ihrige zu thun, um ein Nachlassen des wahnwitzigen Treibens zu verhindern.

Wie nahe es lag, zu wirklichem Betrug überzugehen, das lehrt uns eine Stelle bei Gaergoedt und Waermondt, I, S. 19, wo ersterer selbst, sowie seine Frau Christijntje die grösste Lust bezeugen, ihren Freund Waermondt bestmöglichst hereinzulegen. Gaergoedt sagt da nach Empfang der Nachricht vom plötzlichen Sinken aller Tulpenpreise: „Wohl Frau, mach Dir nichts daraus, es wird so schlimm nicht werden, ich habe bessere Hoffnung; nach Mittag wird Jemand kommen, dem will ich versuchen, eine gute Partie anzuhängen, ich muss mich etwas von der Waare befreien, weil ich noch zu viel bei mir habe. Der weiss auch nichts davon und wennschon er ein guter Freund und alter Bekannter ist, so muss doch Jeder aus seinen Augen sehen, wenn's Geschäft so geht, dass es besser ist, Verdruss an einem Anderen zu sehen, als an sich selbst." Worauf denn Christijntje antwortet: „Es wäre gut, wenn Du ihm von dem Pfundgut etwas anhängen könntest."

Auch die Zahlungsbedingungen sind, der allmählichen Aenderung des Geschäftes entsprechend, wechselnd und sehr verschiedenartig gewesen. In der ersten Periode war zweifellos Baarzahlung in Geld oder Naturalien, oder Zahlung nach kurzer Frist, eventuell zur Zeit der Lieferung der Zwiebeln Regel. Als Beispiele mögen die folgenden Kaufverträge dienen. Nach Gaergoedt und Waermondt, Ed. III, Floraes sotte bollen, S. 127 (Munting,[1] S. 632), wurde ein Viceroy bezahlt mit zwei Lasten Tarwe, Werth 448 fl.; vier Lasten Roggen, Werth 558 fl.; vier fette Ochsen, Werth 480 fl.; acht fette Schweine, Werth 240 fl.; zwölf fette Schafe, Werth 120 fl.; zwei Oxhoft Wein, Werth 70 fl.; vier Tonnen 8 fl.-Bier, Werth 32 fl.; zwei Tonnen Butter, Werth 192 fl.; tausend Pfund Käse, Werth 120 fl.; ein Bett mit Zubehör, Werth 100 fl.; ein Packen Kleider, Werth 80 fl.; ein silberner Becher, Werth 60 fl., Totalwerth 2500 Gulden. Gaergoedt und Waermondt bieten viele hierher gehörige Beispiele. So heisst es, III, S. 76: „Verkauft an N. N. ein Brabanson Spoor von 370 Azen, gepflanzt, für 700 Gulden, indem er bar geben wird 200 Gulden, ein Kabinetkästchen von Ebenholz mit einem vervielfältigenden Spiegel darin, und noch ein grosses Gemälde, einen Blumentopf darstellend." Als dann die auf Lieferungszeit geschlossenen Verkäufe schon vorher mit Vortheil an Dritte übertragen wurden, übernahmen diese die Schuld vom Verkäufer und verpflichteten sich, die ausbedungene Differenz sofort oder nach kürzerer Frist auszuzahlen. Ein Beispiel bei Gaergoedt und Waermondt, S. 76: „Uebernommen von N. N. zwei Pfund Switsers, welche er für 1200 Gulden gekauft hatte, die ich mir zu Lasten schreibe und darüber hinaus soll er erhalten ein Quarteel Pflaumen, die ich ihm sofort liefern werde, und noch innerhalb 14 Tagen 1400 fl., zu zahlen oder auf der Bank abzuschreiben", und ferner: „Uebertragen an N. N. fünf Pfund geele Cronen, die ich zu 375 Gulden das Pfund gekauft hatte, mit welchem Betrag er sich belastet und sofort und gebrauchsfähig giebt sein Pferd mit seinem Wagen, zwei silberne Becher und 150 Gulden."

Vorsichtige Leute, die mit der Möglichkeit eines Preissturzes der Zwiebeln rechneten, suchten ihre Kaufverträge so abzuschliessen, dass sie in solchem Fall mit einem blauen Auge davon kamen. Ein derartiger Vertrag steht bei Gaergoedt und Waermondt, II, S. 51: „Ich Endesunterschriebener bekenne hiermit von N. N. unter nachstehenden

Bedingungen gekauft zu haben einen Gouda von 48 Azen, der im Garten des N. N. steht, für die Summe von 520 fl. in gutem Geld. In dem Fall aber, dass der Käufer nicht zur gehörigen Zeit kommen sollte, um die Zwiebel aufzunehmen, nachdem er acht Tage zuvor durch den Verkäufer dazu aufgefordert war, kann der Verkäufer die Zwiebel in Gegenwart zweier vertrauenswürdiger Leute aufnehmen und in einer Schachtel versiegeln. Und wenn dann die Zwiebel vom Käufer nicht innerhalb der nächsten 14 Tage abgeholt wird, dann soll der Verkäufer, nach Ablauf dieser Zeit, dieselbe anderweit verkaufen dürfen; wenn sie dann mehr gilt, soll der Käufer kein Anrecht auf diesen Vortheil haben, und wenn sie weniger gilt, soll er dem Verkäufer die Differenz seinerseits vergüten.“

Desgleichen berichtet Munting,[1] S. 636, aus eigener Erfahrung, über ein Prämiengeschäft, welches sein Vater geschlossen hatte: „Mein Vater hatte auch 1636 an einen Mann aus Alkmaar einige wenige Zwiebeln verkauft für die Summe von 7000 Gulden, mit der Bedingung, dass der Kauf fest bleiben solle, falls innerhalb der Zeit von sechs Monaten kein Abschlag eintreten würde, dass der Käufer aber, im Fall dies innerhalb dieser Zeit eintrete, 10 Proc. geben sollte.“ Zum grössten Leidwesen des alten Munting trat der Abschlag ein, er erhielt 700 Gulden und behielt seine Zwiebeln, die er doch viel lieber geliefert haben würde.

Zuletzt freilich hat man in den Collegien alle die vielen Verkäufe aus einer Hand in die andere, in Erwartung einer allgemeinen Abrechnung zur sommerlichen Lieferungszeit, lediglich auf dem Papier stipulirt. Jeder einzelne Käufer hat eben gedacht, bis dahin die Waare längst wieder mit Vortheil losgeworden zu sein, höchstens scheint man sich als Anzahlung gelegentlich irgend ein Geräthstück oder eine kleine Naturallieferung ausbedungen zu haben, wie denn Gaergoedt zur Zeit des beginnenden grossen Krachs kein Geld, wohl aber Briefchen in Menge und etliche silberne Becher und Löffel besitzt. I, S. 13, sagt er: „Diese Schale verdanke ich gleichfalls Flora, ich habe noch zwei Becher und 12 Löffel, alles von Flora, auch liegt da ein Kleid und ein rother Rock für meine Frau, die jetzt ausgegangen ist“, und S. 18: „aber nachher, als ich einmal ein Capitalstück verkauft hatte, bedang ich mir mit Leichtigkeit irgend ein Geräth aus und daher habe ich all' das Silberwerk.“ Und I, S. 4, heisst es: „Letzthin war ich bei einem Branntweinbrenner, da handelte ich mit einem Blümchen und bedang mir diese Flasche aus und das thue ich gewöhnlich; mein Fleisch, meinen Speck, meinen Wein, mein Bier, das Alles habe ich umsonst, so viel ich das Jahr hindurch davon brauche.“

Windhandel und Blumenbörse bezeichnen also nur das Endstadium eines von langer Hand vorbereiteten Processes. Reelle Händel werden, so lange wirkliche Liebhaber vorhanden waren, stets nebenher gegangen sein, denn solchen Liebhabern konnte es nur um die Blumen, nicht um Geldspeculationen zu thun sein, gehörten sie doch den höchsten Schichten der holländischen Gesellschaft an, so dass man sie gewiss nicht in den Kneipen zu suchen hat, wo zuletzt die Comparitien tagten. Oeffentliche Auctionen, von denen uns noch Cataloge vorliegen (z. B. Cos[1]), werden ihren Bedürfnissen Rechnung getragen haben. Nur was die Preise anlangt, sind auch sie gewiss von den Börsennotirungen beeinflusst worden. Die von solchen Leuten gezahlten Beträge mögen aber wohl dazu beigetragen haben, die Schwindelperiode, wennschon diese offenbar nicht von langer Dauer war, zu ermöglichen, und eine Zeit lang in Flor zu erhalten. Denn die unzähligen Weinkaufgelder und drietjens, die doch baar bezahlt werden mussten, um die Wirthshausschulden zu decken, mussten offenbar dem Handel kursirendes Geld, welches bei den betheiligten Webern, Torfträgern und Schornsteinfegern gewiss nicht reichlich vorhanden war, entziehen. Wie ausgiebig diese Spesen waren, ersieht man leicht aus dem opulenten Verzehr, der bewirkte, dass die Wirthe sich um die Comparitien rissen. Gaergoedt sagt I, S. 6: „Ich bin verschiedentlich auf Reisen gewesen und habe viel mehr Geld nach Hause gebracht, als ich in die Herberge mitnahm, und hatte doch gut gegessen und getrunken, Wein, Bier, Tabak, Gesottenes und Gebratenes, Fisch, Fleisch, ja Hühner und Kaninchen und dazu noch süsses Dessert.“ So zehrten also diese Leute ihr baares Vermögen und das, was sie etwa im reellen Blumengeschäft verdient haben konnten, auf, und dachten gar nicht daran, dass bei der Abrechnung der laufenden Geschäfte es ihnen an dem nöthigen Geld zur Begleichung fehlen könnte. Ein jeder meinte eben, er werde mit Vortheil abschliessen.

Es trat denn auch die Katastrophe ziemlich unvermittelt im Februar 1637 ein, vielleicht dadurch veranlasst, dass manch' einer der reichen Liebhaber, in denen der Tulpenhandel doch sein einziges reelles Fundament fand, durch den ganzen Verlauf der Sache degoutirt, sich zurückzog, eventuell wohl auch grössere Posten seiner Tulpenzwiebeln zu verkaufen suchte. Daran knüpfte sich eine Panik; die Besitzer suchten von dem, was sie hatten, nach Möglichkeit abzustossen, die Kauflust war fort und die Preise sanken infolgedessen rapid. Man sehe die Erzählung bei Gaergoedt und Waermondt, I, S. 19, wo Gaergoedt's Frau Christijntje nach Hause kommt und erzählt, dass die gesammte Waare an einem Abend um mehr als die Hälfte abgeschlagen sei. Dann kommt Waermondt, welcher von Gaergoedt hatte Tulpen kaufen wollen, und bringt die Liste zurück, indem er meint, er wolle doch auf den Rath seines Cousins noch ein paar Tage den Verlauf der Dinge abwarten, da ja alle Verkäufe still ständen und Alles aus sei, im Fall nicht bald wieder ein

Anziehen erfolge. Waermondt theilt dann mit, wie am 3. Februar 1637 einige Floristen in einer Herberge zusammen gewesen seien, um einen Versuch zu machen, den Handel wieder in Gang zu bringen. Es wurde einer derselben, der dafür einen Reichsthaler erhielt, veranlasst, etwas auszubieten; er that es und setzte das Pfund auf 1250 fl. Da Niemand steigerte, gab man ihm noch zwei Reichsthaler und er bot dann zu 1200 fl. aus, abermals vergeblich, und nachdem er noch drei Reichsthaler erhalten, bot er das Pfund zu 1000 fl. aus, aber auch jetzt, ohne ein Uebergebot veranlassen zu können. Darauf lief Alles auseinander und anderen Tages war die Sache allbekannt und war vollkommener Geschäftsstillstand eingetreten.

Wohl machten die Floristen einen Versuch, durch gütliche Uebereinkunft unter sich, die zu allzu hohen Preisen abgeschlossenen Geschäfte zu annulliren und so den Handel einem normalen Zustand einigermaassen anzunähern, um dadurch das Vertrauen wieder zu befestigen. Aber das erwies sich als vergeblich, die Panik war einmal eingetreten und nicht wieder zu bannen. Man ernannte Vertreter aus den Städten Harlem, Delft, Gouda, Utrecht, Alkmaar, Leiden, Rotterdam, die in Amsterdam zusammenkamen, und deren Majoritätsbeschlüssen die Floristen von Vianen, Hoorn, Enkhuyzen, Medenblik sich unterwerfen zu wollen erklärten, während die von Amsterdam allein sich weigerten. Die Delegirten versammelten sich am 24. Februar 1637 und fassten den Beschluss (Originaltext bei Waermondt-Gaergoedt, III, S. 81, Sautyn-Kluyt,[1] S. 59, in deutscher Uebersetzung, doch nicht ganz vollständig, im Meteranus novus, S. 519), es sollten alle Tulpengeschäfte, die bis ultimo November 1636 inclusive abgeschlossen waren, verbindlich bleiben, die späteren dagegen durch Zahlung von 10 Proc. Seitens des Käufers beglichen sein, falls dem Verkäufer im Laufe des März 1637 eine desfallsige Erklärung zugestellt werde. Bei Gaergoedt und Waermondt, II, S. 44, zeigt Gaergoedt's auf diesen Accord bezügliche Aeusserung, dass er in Anbetracht der Geldverhältnisse der Betroffenen, bei Weitem nicht weit genug ging, dass es überhaupt ein Versuch war, Unmögliches zu erreichen. Er meint: „Da sehe ich noch keinen Rath, denn wenn ich Alles bezahlen soll, was ich bei mir habe, dann würde ich wohl 8000 oder 9000 fl. geben müssen.“ Wie es hernach zuging, lehrt uns gleichfalls Gaergoedt, III, S. 78: „Der Eine weist auf den Anderen und dann sagen sie, wenn mein Käufer bezahlt, will ich auch bezahlen, aber von dem Ersteren hört man nichts.“ Wer irgend konnte, suchte nun auf dem Vergleichswege seine Schuldurkunden zurückzuerlangen. Es kam zu Klagen und da Niemand mehr aus und ein wusste, so wurden die Stadtbehörden um ihre Hülfe angegangen. Im Harlemer Archiv ist ein Beschluss des Bürgermeisters und der Regeerders der Stadt vom 7. März 1637, Anon.[23] erhalten, der einigen Harlemer Bürgern, die sich desswegen an die Staaten von Holland wenden wollten, als Unterstützung ihres Gesuches mitgegeben wurde. Und in diesem heisst es, man möge den Blumenhandel, wie er seit der Pflanzzeit (Herbst 1636) in Harlem getrieben worden, gerades Weges verbieten. Das Gesuch wird denn in der That bei den Staaten eingegeben worden sein, denn das Archiv im Haag enthält ein Schreiben der Staaten an den Hof von Holland vom 11. April 1637, Anon.[24], in welchem unter Beifügung sämmtlicher Acten um ein bezügliches Rechtsgutachten ersucht wird. Die Petenten, nach Harlem zurückgekehrt, haben dem Bürgermeister von diesem Vorgehen der Staaten Mittheilung gemacht, und dieser beeilt sich nun, in einem direct an den Hof von Holland gerichteten Schreiben vom 15. April 1637 (Archiv Haag) Anon.[25] seine und der Stadt Harlem Wünsche auf Annullirung der Tulpengeschäfte des verflossenen Winters nochmals eindringlich zum Ausdruck zu bringen. Die Harlemer dringen indessen damit nicht durch; in seiner Antwort an die Staaten erklärt der Gerichtshof die aus den Acten zu gewinnende Information zu endgültiger Entscheidung nicht für genügend. Inzwischen empfiehlt er, die Magistrate der Städte, aus denen die Klagen gekommen, möchten zwischen den Parteien gütliche Vereinbarung zu erzielen suchen, im übrigen die dabei gewonnenen Informationen an ihn einsenden. Gleichzeitig möge man die Verkäufer autorisiren, ihre verkauften Tulpen, falls die Käufer sie nicht in Empfang nehmen wollen, nach geschehener Insinuation zu behalten oder anderweit zu verkaufen, wobei die Käufer, im Fall die Verträge später als verbindlich anerkannt werden sollten, dann für die Differenz aufzukommen haben. Endlich aber möge man bestimmen, dass alle Tulpencontracte bis zu dieser, die Sache endgültig regelnden Entscheidung in suspenso verbleiben sollen. Dieses Gutachten, Anon.[26] (Archiv Haag) ist vom 25. April 1637 datirt. Schon am 27. desselben Monats erfolgt in genauer Anlehnung an die vom Hof von Holland vorgeschlagene Behandlungsweise das Decret der Staaten von Holland, dessen Originaltext bei Gaergoedt und Waermondt, III, S. 91, bei van Aitzema,[1] II, S. 504, in Hollandts Placcatboeck, II, S. 290 (1645) und im Groot Placcatboeck, II, S. 2363, endlich in deutscher Uebersetzung im Meteranus novus[1], S. 520 zu finden ist. Es mag hier nach dem Meteranus novus reproducirt werden: „Die Staden von Holland und Westfriesland haben auf die ihrer edlen Grossmögenheit von den principalsten Interessirten an der Pflanzung, Fortzielung und Verkaufung der Tulipanen, residirenden in den meisten Städten dieser Provinz, als Harlem, Leyden, Amsterdam, Alkmaar, Hoorn und Enkhuyzen, gepräsentirte Supplication, nach empfangener Relation des Herrn Präsidenten und der sämmtlichen Räthe des Provinzialrathes dieser Provinz, für gut angesehen und geresolvirt, nicht eher wegen dieser Sache zu disponiren und etwas gewisses zu ordiniren, bis dass Ihre Edle Grossmögenheit und obgemeldeter Provinzialrath wegen des Ursprungs und der von Zeit zu Zeit fortlaufenden Steigerung der Tulipanen, des unversehenen Falls derselben, der Diversität der aufgerichteten Contracten, und alles desjenigen, das daran dependiret, und der Anzahl der Contrahenten in den respectiven Städten vollkommenen Bericht werden eingenommen haben, welches denn am allerbequemsten nach Ihrer Edlen Grossmögenheit Meinung von wohlgemeldten respectiven Städten Obrigkeit wird können geschehen, die hiermit die Parteien, Contrahenten, soviel möglich zu vereinigen, oder aber die darüber genommene Information dem gemeldten Provinzialrath überzuschicken ersucht werden. Mittlerweil werden die geinteressirten Verkäufer der Tulipanen hiermit geautorisirt, ihre verkauften Tulipanen nach gethaner schuldiger Insinuation, dass die Käufer selbige sollen empfangen, im Fall sie selbiges nicht thun wollen, zu derselben Gewinn oder Verlust zu behalten oder zu verkaufen, um sich hernach von denselben Käufern wegen des erlittenen Schadens zu erholen, im Fall für billig und recht wird befunden werden, dass gemeldte Contracten, zwischen Käufer und Verkäufer aufgericht, ihren Fortgang sollen haben. Bleiben also unterdessen alle weitere Contracten der Tulipanen in suspenso und sine praejudicio." Da nun aber die in diesem Edict versprochene endgültige Regulirung des Blumengeschäftes niemals erfolgt zu sein scheint, so ist denn die Sache unter grosser Vermögensverschiebung und Schädigung der capitalschwachen Speculanten schliesslich im Sande verlaufen. Im Meteranus heisst es S. 520: „Viel, welche sich des Handels ganz und gar haben wollen entschlagen, haben sich mit ihren Partheyen vertragen, etliche haben 5 Proc., etliche 6 Proc., etliche 10 Proc., etliche mehr, etliche weniger bezahlt. Hierbei ist es dieses ganze Jahr über verblieben und auch nichts weiteres ausgerichtet worden." Van Aitzema[1] sagt S. 504: „Seit dieser Zeit hat man wenig mehr von diesem Blumenhandel gehört, und sowohl die Käufer als die Verkäufer waren meist Leute, von denen nicht viel zu holen war."

Unter den „Resolutien van Burgemeesteren en Regeerders" des Haarlemer Archivs, sind einige Pieçen erhalten, die uns über den Endausgang in dieser Stadt einigermaassen unterrichten. Unterm 1. Mai 1637 Anon.[27], nämlich verbietet der Bürgermeister von Harlem den Notarissen und Procureurs vermittelst officieller Ansage durch den Gerichtsdiener, irgend welche weitere amtliche Handlungen in Tulpensachen vorzunehmen. Da aber die Gerichte in der Behandlung der bei ihnen anhängigen Klagen fortfuhren und Zahlungsbefehle und Vorladungen an Harlemer Bürger ergingen, so ersucht eben dieser Bürgermeister den Hof von Holland unterm 16. Juni 1637 Anon.[28] diese Actenstücke doch zurückzuziehen, indem er sich auf das Decret der

Staaten von Holland, vom 27. April, beruft, nach welchem alle solche Geschäfte in suspenso bleiben sollten, woraus sich doch ergebe, dass, falls die Verwirrung nicht noch grösser werden solle, alle weiteren gerichtlichen Schritte deliberante judice ruhen müssten. Das scheint denn auch den gewünschten Erfolg gehabt zu haben, denn am 28. Aug. 1637 Anon.[29] schärft der Bürgermeister den Procureurs Schouten und Bray wiederholt ein, sich aller Amtshandlungen in Tulpensachen zu enthalten und eventuell die streitenden Parteien an ihn zu verweisen. Am' 30. Januar 1638 Anon.[30] setzen weiterhin Burgermeester und Regeerders von Harlem eine Commission ein, vor die alle Blumensachen gebracht werden sollen, vor der die Parteien bei Strafe erscheinen müssen, wenn sie von den hierzu ausnahmsweise ermächtigten Gerichtsdienern geladen werden. Diese Commission soll versuchen, die Parteien gütlich zu vergleichen. Dass man annahm, dieselbe werde viel zu thun bekommen, geht aus der Bestimmung hervor, nach der sie an zwei Wochentagen, im Prinzensaal zu Harlem, je von 9—11 Uhr Vormittags und von 2—4 Nachmittags tagen sollte.

Die so ernannte Commission macht endlich am 22. Mai 1638 ihre Vorschläge Anon.[31] zur endgültigen gütlichen Begleichung dieser Processe an Bürgermeister und Regeerders und proponirt, dass die Käufer gegen Zahlung einer Prämie von $3^1/_2$ Proc. an die Verkäufer, denen die Zwiebeln verbleiben, ihrer Verpflichtungen zu entbinden sein sollen und dass man die Gerichte von diesem Abkommen dann verständigen möge.

Aus den in dieser Urkunde enthaltenen Worten: „d'uytspraeck van de contracten te doen over de partyen aen hen verbleven", schliesse ich, dass die Mehrzahl der fraglichen Processe gar nicht vor diese Commission gelangt sind, sondern unter der Hand verglichen wurden, so dass nur eine Anzahl besonders hartnäckiger Parteien verblieben, die sich aber schliesslich auch bei dem Verdict derselben beruhigten und die Gerichte nicht weiter in Anspruch nahmen. Freilich machten die Verkäufer, die von demselben betroffen wurden, mit $3^1/_2$ Proc. Prämie schlechtere Geschäfte als die, die sich vorher, wie uns im Meteranus novus mitgetheilt wird, auf 5, 6 und 10 Proc. Prämie geeinigt hatten.

Wenn nun hiermit die Tulpenschwindelperiode im Frühjahr 1638 ihren definitiven Abschluss findet, so sind doch über den Zeitpunkt, an welchem sie begonnen, bei den Autoren verschiedene Ansichten zu finden. Nach Sautyn-Kluyt,[1] S. 29, haben verschiedene derselben das Jahr 1636 als das eigentliche Anfangsjahr betrachtet, während Munting[1] 1634 als solches angiebt. Eigentlich ist indess über diesen Punkt gar nicht zu discutiren, da alles darauf ankommt, was man als das Kriterium der Schwindelperiode ansieht, die sich, wie wir gesehen haben, vom zweiten Decennium des Jahrhunderts an langsam und allmählich vorbereitete. Wenn man aber als Anfangszeitpunkt den Beginn der vollkommenen Ausartung zum Differenzgeschäft betrachtet, bei welchem es auf die Zwiebeln als solche gar nicht mehr ankam, dann muss zweifelsohne mit Sautyn-Kluyt 1636 als Anfangsjahr betrachtet werden. Dafür wird man einmal den obenerwähnten Beschluss des Bürgermeisters und Rathes von Harlem vom 7. März 1637 Anon.[23] anführen können, in dem es heisst: „dat de Blomhandelinge t'sedert den planttyt lestleden alhier te Lande gedreven Staatsgewyse sullen werden geannulleert", denn damit ist die Einschränkung des Verbots auf den unreellen Handel angedeutet, der erst letzthin seit der Pflanzzeit begonnen hatte, d. h. der Platz gegriffen als die Zwiebeln in die Erde gelegt und somit nicht mehr sofort lieferbar waren. Das würde also etwa October 1636 bedeuten. Das wird auch aus Gaergoedt und Waermondt, II, S. 48, zu folgern sein, wo Gaergoedt auseinandersetzt, wie er an den Blumenhandel gekommen ist und sagt: „Zuerst sind wir an die Blumen gekommen, welche erst zwei oder drei Jahre schlaff fortgingen, aber nun dieses Jahr so stark in Aufnahme gekommen sind, dass ich jetzt, wo ich zu mir selber komme, nicht anders glauben kann, als dass es eine Raserei gewesen ist." Worauf dann Waermondt meint, es sei die Pestzeit gewesen, die den Leuten den Kopf verdreht habe, die Ende 1635 begann und durch das ganze Jahr 1636 in Holland wüthete. Insofern mag er ja damit Recht haben, als zu solchen Zeiten die Verleitung zum Leichtsinn aus dem Gedankengang, „wer weiss, ob wir morgen noch leben", gewiss eine grössere ist, als sonst.

Der grosse Krach von 1637 machte also dem Schwindel ein Ende und brachte den Zwiebelhandel auf reellen Boden, die gezahlten Preise auf ein rationelles Maass zurück. Dass aber die Liebhaber desshalb noch nicht verschwunden waren, geht unmittelbar aus den Preisen hervor, die, wie Munting,[1] S. 636, bezeugt, kurz nachher pro Zwiebel gezahlt worden sind. Denn für eine solche, die vor dem Krach mehr als 5000 fl. gegolten, erhielt man wenige Wochen nachher doch immer noch 50 fl., was man unter normalen Umständen sicher für eine sehr ansehnliche Bezahlung gehalten haben würde. In solch' mässigen Grenzen scheint der Blumenhandel sich weiterhin im ganzen 17. Jahrhundert bewegt zu haben, denn Elsholtz[1] giebt die Preise des Handelsgärtners Hans Georg Krauss zu Augsburg, der über 300 Tulpensorten führt, von denen die theuersten sechs, acht, zehn und fünfzehn Gulden angesetzt sind. Aehnliche Preise überliefert auch Valvassor[1] aus dem Schlossgarten zu Gayerau in Krain, nur wenige Sorten kosten mehr als 20 fl., so z. B. Cesar de Marans 36 fl., Liste 30 fl., Palamedes 25 fl. Im Anfang des 18. Jahrhunderts scheint dann eine neue Steigerung der Blumenliebhaberei und damit auch der Zwiebelpreise eingetreten zu sein, die etwa um 1720 ihren Anfang nahm, jetzt aber hauptsächlich die gefüllten Hyacinthen betraf. Man scheint nach dem Wenigen, was wir darüber wissen, und was man bei Sautyn-Kluyt[1] zusammengestellt findet, recht nahe an einen zweiten Blumenzwiebelschwindel herangekommen zu sein. Als Warnung davor ist ja gerade damals die dritte Auflage des Gaergoedt und Waermondt herausgekommen. Ueberliefert wird, dass für eine Hyacinthenzwiebel 2200 fl. bezahlt, für eine andere 4000 fl. verlangt wurden. Da wird man sich denn nicht wundern, wenn auch die Tulpen wieder kostbarer wurden, wie aus einer Stelle bei Ricard,[1] aus dem Jahr 1723, hervorzugehen scheint, wo es heisst: „Cependant cette manie pour les fleurs n'est pas si bien passée qu'il n'y ait encore des amateurs qui donnent de bonnes sommes pour une belle tulipe et il n'y a pas encore trois mois, qu'étant chez un fleuriste de Harlem il m'offrit de me faire voir un oignon de tulipe duquel il avait payé lui même 600 florins.“ Ob freilich der Mann nicht etwas aufgeschnitten, können wir nicht beurtheilen.

Eben dieser Zeit gehört auch das von Blainville[1] überlieferte Histörchen von dem Herrn Matthews an, der wegen Diebstahls von Tulpenzwiebeln in einer holländischen Stadt vor Gericht gefordert, von seinem Freunde Blainville nur mit Mühe und beträchtlichem Geldaufwand befreit werden konnte, der dann auf des Klägers Haupt feurige Kohlen sammelte, indem er ihm bewies, dass die von ihm eingesteckten Zwiebeln alle von einer Fliege angestochen seien, und ihn darüber belehrte, wie er diese Diptere vernichten müsse, um eine gefährliche Zwiebelkrankheit aus seinen Tulpenfeldern zu entfernen. So schön nun auch dieses Histörchen geschrieben, so instructiv die Wechselreden des Herrn Matthews und des amtirenden Bürgermeisters sich erweisen, sobald es sich darum handelt, die Anschauungen der Gebildeten jener Zeit (um 1709 oder 1710) kennen zu lernen, so ist doch nicht daran zu zweifeln, dass es erfunden, oder doch lediglich behufs Darstellung des Entwicklungsganges der Diptere in einer angenehmen Form, unter Anlehnung an geringfügige thatsächliche Unterlagen, zusammengestellt ist. Diesem Eindrucke konnte ich mich, nachdem ich die ziemlich lange Geschichte ein paar Mal aufmerksam gelesen, nicht mehr verschliessen, denn es musste ausserordentlich auffallend erscheinen, dass der Herr Matthews im Tulpengarten selbst und anderen Tags an dem mitgenommenen Material die gesammte Entwicklung des Insectes, von der Eiablage bis zur Imago, in natura zu demonstriren in der Lage ist; und weiter machte auch der Umstand stutzig, dass ich in allen älteren, von den Tulpen handelnden Schriften, von einer Krankheit der Tulpenzwiebeln, die der hier geschilderten entsprochen hätte, nichts finden konnte, obschon die Autoren, zumal der genaue Ardene,[1] die ihnen bekannten Krankheiten doch sorgfältig registriren.

Bei einer Durchsicht der Litteratur über Pflanzenkrankheiten fand ich nun keine andere Diptere ähnlichen Verhaltens als den Merodon Narcissi, der aber nur die Narcissenzwiebeln befällt, und Herr E. H. Krelage, mit dem ich die Sache besprach, theilte mir mit, dass dieser Merodon stets vernichtet werden müsse, da er immer wieder mit Tazettenzwiebeln aus Marseille in Holland eingeschleppt werde, dass aber von einem die Tulpe bewohnenden derartigen Insect keinem Blumenzüchter das Geringste bekannt sei. Er zweifelt nicht, dass es sich in der uns beschäftigenden Historie lediglich um eine Combination dieser Narcissenkrankheit mit der holländischen Werthschätzung der Tulpen handle, die aus lehrhaften Zwecken miteinander verbunden worden seien. Was nun aber die in dieser Geschichte mitgetheilten Preise anlangt, auf die es uns hier hauptsächlich ankommt, so sind diese unverdächtig. Und da werthete der Kläger die drei gestohlenen Zwiebeln zu je 5 £ englisch, und eine der besten Sorten, die er im Garten hatte, zehn Guineas, was immerhin für eine Zwiebel eine anständige Summe ist. Ja selbst bis in dieses Jahrhundert hinein sind enorme Preise für Tulpenzwiebeln verlangt worden, wenn man den Angaben Lippold's[1] Glauben schenken darf, der da angiebt, um 1800 in den Catalogen der Holländer Zwiebeln zu 600—800 fl. angesetzt gesehen zu haben, der ferner mittheilt, dass 1824 in Lille der höchste Preis einer Zwiebel 150 Franken gewesen sei. Auch bei J. Slater[1] finde ich die Notiz, dass eine Sorte, Louis XVI, im Jahre 1792 in den holländischen Catalogen pro Zwiebel mit 25 £ angesetzt gewesen sei.

Heutigen Tages freilich sind die Tulpen so wenig mehr in Mode und Werthschätzung, dass man in Deutschland z. B. wirklich schöne Roses und Bybloemen überhaupt nur selten zu sehen bekommt.

III. Schlussbetrachtungen.

Es hat sich bei der Betrachtung der Gartentulpe und ihrer Geschichte in zweifelloser Weise Levier's Ansicht bestätigt, wonach eine Tulipa Gesneriana überhaupt als Species gar nicht existirt. Wir sahen, dass dieser Name nichts anderes als einen Sammelbegriff für zahlreiche in den Gärten cultivirte Tulpensorten unbekannter Herkunft darstellt, wie wir sie aus der Hand der Türken erhalten haben. Da erhebt sich denn die Frage, woher die Türken ihre Culturtulpen bezogen haben, ob eine wild wachsende Stammform der Tulipa Gesneriana, der Gartentulpe, nachweisbar ist; und welche der im Vaterland bekannt gewordenen Arten als solche bezeichnet werden darf. Es ist diese Frage von Regel[1] und von Baker [1] in bejahendem Sinne beantwortet worden, aber Levier [2] hat in überzeugender Weise nachgewiesen, dass diese Identificationen ihres rein subjectiven und assertorischen Charakters halber wenig Werth besitzen. Das muss auch Jedermann a priori einleuchten, sobald man bedenkt, wie viele und wie verschiedene Formen die sogenannte Tulipa Gesneriana der Gärten umschliesst, unter denen man die Wahl hat, die supponirten Typen herauszulesen, die den in Vergleich zu ziehenden wilden Formen an die Seite gestellt werden sollen. Und dazu kommt noch, dass Levier rundweg erklärt, dass keine einzige der ihm bekannt gewordenen wilden Tulpensorten auch nur einigermaassen mit irgend einer der cultivirten Gesnerianaformen derart übereinstimmt, dass man an eine Zusammenfassung beider denken könnte. Er führt das in überzeugender Weise speciell für die von Regel und Baker herangezogenen und für Tulipa Gesneriana erklärten Wildtulpen des Ostens, die er als Tulipa Schrenkii und Tulipa orientalis bezeichnet, aus. Levier [1], [2] S. 57, u. [3] S. 231.

Wenn sonach unter allen den vielen aus Central- und Westasien in unsere Gärten und Herbarien in neuerer und alter Zeit importirten Tulpen nachweisbare Stammformen der gewöhnlichen Gartentulpe nicht mit Sicherheit nachgewiesen werden können, so haben wir weiterhin in der uns beschäftigenden Fragestellung mit drei Möglichkeiten zu rechnen. Diese sind erstens: die wilden Stammformen der Gartentulpe sind in dem Heimathland, in dem sie ursprünglich wuchsen, ausgestorben, oder, wenn noch vorhanden, den botanischen Sammlern entgangen. Oder zweitens: es ist aus dieser noch existirenden Stammform im Lauf der Zeit eine so abweichende Progenies entstanden, dass wir deren Beziehungen zu der ersteren nicht mehr mit Bestimmtheit erkennen können. Das heisst in anderer Ausdrucksweise: die Art hat — resp. die Arten haben — unter dem Einfluss der Zuchtwahl des Menschen variirt und sich in viele Formengruppen von nicht näher zu bestimmender Constanz gespalten. Oder drittens: die Gartentulpe derivirt nicht direct von einer einzelnen Stammart, ist vielmehr aus Bastardirung verschiedener, zunächst nicht näher bestimmbarer Arten entstanden. Die Sortenbildung hat auf dem Weg der Variation und der partiellen Rückschlagsbildung, eines Falles mehr nach einer, anderen Falles mehr nach der anderen der Stammarten stattgefunden.

Dass die Stammform in ihrer Heimath ausgestorben, ist aus vielen Gründen mehr als unwahrscheinlich. Das Gebiet, dem die rothen Tulpen eigenthümlich sind, hat sich klimatisch in den historischen Zeiträumen, die hier in Frage kommen, nicht wesentlich geändert, es hat stets mehr oder weniger einen Steppencharakter mit kurzen Frühjahrsregen gehabt. Wir wissen, dass die Türken die Tulpen als Culturblumen aus Asien mitbrachten, an eine damals erfolgte systematische Ausrottung durch die türkischen Liebhaber ist indess, wie Levier,[2] S. 51, mit Recht ausführt, nicht zu denken, zumal man weiss, wie schwer es ist, eine Tulpe auf die Dauer zu zerstören, wo sie einmal Posto gefasst hat. Es wäre auf der anderen Seite auch mehr als sonderbar, wenn die in Rede stehenden Pflanzen allen den zahlreichen Sammlern, die diesen Blumen ihre Aufmerksamkeit zugewendet, bis heute entgangen sein sollten.

Bezüglich der zweiten Möglichkeit wären zunächst die Grenzen festzustellen, innerhalb welcher bei wild wachsenden Tulpenspecies Veränderungen wahrgenommen werden können, die mit der Verpflanzung in andere neue Verhältnisse Hand in Hand gehen, sei es nun, dass diese die Folge besagter Verpflanzung, oder eine, der Species als solcher, inhärirende Variation darstellen. Was darüber bekannt, hat gleichfalls Levier[1] S. 290, u.[2] S. 66, mit gewohnter Klarheit zusammengestellt. Mit voller Schärfe erörtert er hier die beiden Fälle, die eingetreten sein könnten, und die auf's Bestimmteste auseinander gehalten werden müssen, nämlich erstens: Aenderung der Charaktere im Lauf successiver aus Samen erwachsener Generationen, und zweitens: Aenderung der Charaktere durch Knospenvariation, die die Ersatzzwiebeln eines und desselben durch mehrere Jahre cultivirten Individuums betrifft. Für die erste dieser Alternativen, deren Feststellung bei der späten Blühreife der aus Samen gezogenen Zwiebeln viel Zeit erfordert, liegen noch gar keine Beobachtungen vor; für die zweite wird von ihm, als auf ein nicht wohl anzufechtendes Beispiel, auf die Veränderung verwiesen, die Elwes[1] an den cultivirten Zwiebeln der turkestanischen Tulipa Kolpakowskiana auftreten sah, und durch Abbildungen der ursprünglichen und der umgeformten Blüthe belegte. Die letztere zeigt im Vergleich mit jener eine enorme Grösse, eine etwas andere Form, stumpf gerundete, an Stelle von scharf gespitzten Perigonblättern, und eine auffallende Vergrösserung und Kräuselung der Narbenlappen. Die anderen von Levier citirten Fälle sind freilich minder verwerthbar, weil sie nicht Arten aus der asiatischen Urheimath, sondern europäische Tulpenformen betreffen, über deren Herkunft und Abstammung die grössten Zweifel, auf die nachher noch zurückzukommen sein wird, bestehen. Es sind das nämlich einmal die von Herrn Papon in Vevey erzielten Varianten der wallisischen Tulipa Didieri, die nach seiner Inspection der Exemplare des Herb. Burnat nahe an Tulipa Oculus Solis herankommen sollen, wenn man von der Zwiebel absieht, die durchaus die der Tulipa Didieri bleibt. Vergl. Levier,[2] S. 74. Leider erfahren wir aber nichts über die Umstände, die diese Variation begleitet haben. Sie scheint doch nur sehr ausnahmsweise Platz zu greifen, denn die aus dem Garten des Professor Wolff in Sitten nach Strassburg gebrachte Tulipa Didieri hat sich hier zwar sehr stark vermehrt, ist aber seit einer Reihe von Jahren bereits, absolut constant, in jedem Frühling wieder zur Blüthe gekommen. Die Florentiner Tulipa strangulata var. neglecta dagegen hat in Strassburg drei Jahre lang in der für sie charakteristischen strohgelben Farbe geblüht und sich gleichzeitig stark vermehrt. Im vierten Jahre (1898) aber haben alle Blumen zahlreiche mehr oder minder ausgedehnte rosige Streifen auf der Aussenseite der Blumenblätter gezeigt. Auch die Veränderungen, die cultivirte Tulpen erfahren, wenn sie der gärtnerischen Pflege verlustig gehen, betreffen, soweit mir bekannt, ausschliesslich die Gartentulpen und europäische Arten unbekannter Herkunft, sogenannte Neotulipae, wie die Tulipa Didieri eine ist; sind also für unsere Fragestellung ebenfalls kaum verwerthbar, obschon Levier sie bei seiner Besprechung des Gegenstandes gleichfalls heranzieht.

Wenn man nun Elwes[1] Angaben über seine Tulipa Kolpakowskiana als sicherstehend acceptiren will, dann kann ja die Möglichkeit nicht wohl bestritten werden, dass unsere Gartentulpen, von einer oder von einigen reinen wilden Species derivirend, sich von den Mutterformen auf dem Weg der Variation so weit entfernt haben, dass ein Zurückfinden der zusammengehörigen Arten und Culturformen jetzt nicht mehr thunlich ist. Aber wahrscheinlich wird eine solche Ableitung derselben von einzelnen reinen Species durch die, der Constanz der zahlreichen übrigen asiatischen in Cultur befindlichen Tulpen isolirt gegenüberstehende, doch wohl noch näher zu prüfende Beobachtung von Elwes keineswegs gemacht. Denn wir sehen, dass beinahe alle übrigen Blumen unserer Gärten, deren Geschichte wir verfolgen können und die im Lauf der Zeiten eine weitgehende Verbesserung erfahren haben hybriden, aus der Kreuzung mehrerer ursprünglicher Arten entstandenen, Stämmen ihren Ursprung verdanken; dass die mächtige Steigerung der Variabilität geradeswegs, wenn nicht bestimmte Beweise des Gegentheils vorliegen, als eine Mitgift der fremdartigen Blutmischung angesehen werden darf. Ist es doch erst in allerneuester Zeit gelungen, ein paar solcher Fälle weitgehender Verbesserung von Culturblumen ohne Einfluss der Bastardirung festzulegen, wofür in erster Linie auf das Cyclamen persicum und seine von Th. Dyer[1] dargelegte Geschichte verwiesen werden darf. Man vergleiche dazu auch Hildebrand.[1] Nach Dyer's[2] von Anderen freilich bestrittener Ansicht gehören eben dahin auch die Cinerarien unserer Gärten, die aus der kleinblüthigen Cineraria cruenta durch blosse consequente künstliche Zuchtwahl gewonnen sein sollen. Zuletzt wäre noch an die Reseda odorata zu erinnern, bei der der Wohlgeruch, der ihre Hauptzierde bildet, durch Kreuzung mit den anderen, durchweg geruchlosen Arten gewiss nicht erhöht werden konnte, woraus ich folgern zu dürfen glaube, dass bei der Züchtung der zahlreichen, von ihr derivirenden Sorten die

Kreuzung in keiner Weise eine Rolle gespielt haben wird. Aus diesem Grunde gerade ist mir die Geschichte der Reseda, mit der ich beschäftigt bin, von besonderem Interesse.

Nach allen diesen Andeutungen wird man es bis zu einem gewissen Grade berechtigt finden, wenn ich dazu neige, einstweilen bis zur Führung des gegentheiligen Beweises, an der Ansicht festzuhalten, dass die Gartentulpe einem oder mehreren Kreuzungsproducten entstammen möge, in welchen wir weder die Anzahl der Elterformen, noch auch deren Charaktere mit irgend welcher Sicherheit nachzuweisen im Stande sind. Auch Levier[8] scheint sich in seiner späteren Arbeit einer ähnlichen Ansicht in genere zuzuneigen, wennschon er dort nur von den nachher zu besprechenden italischen Neotulipae redet, und es vermieden hat, auf das die Gartentulpe betreffende Problem des Näheren einzugehen. Die Vielgestaltigkeit selbst der einfachen Bastarde ist bekanntlich in vielen Fällen eine erstaunliche, sie tritt mitunter unmittelbar bei der Aussaat des aus der Kreuzung erzogenen Samens, in anderen Fällen wenigstens in der zweiten Generation hervor; es mag auf die von Rimpau erzielten Getreidekreuzungen und die daraus derivirten Cultursorten, ferner auf Focke,[1] S. 482, verwiesen sein. Wie gefährlich und precär daher selbst in solchen einfach liegenden Fällen der Rückschluss aus den Charakteren des Bastards auf seine Mutterarten sein kann, liegt auf der Hand und ist Demjenigen, der sich etwas eingehender mit dergleichen Versuchen beschäftigt hat, stets gegenwärtig. Ich bin seit lange mit Untersuchungen über das Genus Fuchsia beschäftigt und weiss daher zu beurtheilen, wie unzuverlässig gar viele Angaben der Litteratur über die Abstammung dieses oder jenes Kreuzungsproductes sind, zumal ich sie in einigen Fällen auf dem Weg des directen Experiments, des Versuchs der Neuerziehung der betreffenden Sorten, controlirt habe. Und da dabei immer unzählige mannigfaltige Varianten fallen, so hat man es auch dann nur einem glücklichen Zufall zu danken, wenn man die betreffenden Gartensorten unter seinen Händen von Neuem entstehen sieht, wie mir dies mit der Fuchsia virgata der Gärten gelungen ist, die ich aus der Kreuzung der echten reinen Fuchsia coccinea und eben solcher Fuchsia macrostemma erhielt. Eine solche Untersuchung für die Gartentulpen zu versuchen, wäre ja an sich sehr verlockend; es ist auch nicht ausgeschlossen, dass man hier durch ein eingehendes Studium des Verhaltens der Zwiebel bei den verschiedenen, gelegentlich entstehenden, atavistischen Sportbildungen gewisse Anhaltspunkte gewinnen könnte. Allein das setzt zunächst ein gründliches Studium der Zwiebelbildung in der Gattung Tulipa voraus, für die es leider vorderhand an dem nothwendigen Material fehlt, da gerade einige der diesbezüglich wichtigsten Species sich in den europäischen Gärten kaum in Cultur befinden. Nichtsdestoweniger hatte ich, weil ich von dessen Wichtigkeit mich zu überzeugen Gelegenheit genug gefunden, einen Abschnitt über die Tulpenzwiebel für diese Abhandlung in Aussicht genommen, und auch einen Entwurf desselben begonnen. Da ich aber zu der Einsicht gelangte, dass derselbe, wenn er anders nutzbar werden sollte, als Vorarbeit ausgedehnte experimentelle Studien verlangte, die bei der Eigenart der Tulpenentwicklung eine Reihe von Jahren erfordern, so musste ich zu meinem grossen Bedauern doch zuguterletzt davon absehen. Denn einmal hätte er die Publication des bisher gewonnenen ad kalendas graecas vertagen können, und schliesslich würde er doch, seines specifisch botanisch-morphologischen Charakters halber, in der hier versuchten Darstellungsweise nur schwer einen Platz gefunden haben und ein heterogenes Einschiebsel geblieben sein. Vielleicht dass ich später, wenn mir Zeit und Kraft dazu bleibt, noch darauf zurückkommen werde. Es ist erstaunlich, welch' interessante Fragestellungen ein so einfaches Object, wie die Tulpenzwiebel, noch in sich schliesst.

Doch kehren wir zu dem Wahrscheinlichkeitsbeweis des hybriden Ursprungs der Gartentulpen noch für einen Augenblick zurück. Man wird mir vielleicht einwenden, es sei doch kaum anzunehmen, dass die Türken Tulpenkreuzungen ausgeführt hätten und wird gegen meine Meinung am Ende anführen können, dass solche im Vaterland wohl auch nicht häufig vorkommen müssten, da noch nie im asiatischen Florengebiet eine Form gefunden sei, die den Verdacht, eine Bastardpflanze zu sein, erregt hätte. Da ist indessen zu beachten, dass eben die Tulpen zu der Kategorie von Gewächsen gehören, die der Selbstbestäubung grossen Widerstand entgegensetzen, bei denen auch die auf vegetativem Wege erzeugte Progenies einer Zwiebel bei gegenseitiger Bestäubung fast durchweg nur taube und unbrauchbare Früchte liefert, wennschon die Carpelle oft zu scheinbar vollkommener Reife gelangen. Wie lange solche Sterilität bei den durch vegetative Vermehrung erzogenen Individuen einer auf gegenseitige Wechselbestäubung streng angewiesenen Pflanze anhält, ist überhaupt noch nicht untersucht. Die Frage wäre wohl eines näheren Studiums werth. Interessante Anhaltspunkte dürften die Schriften Fockes[2], [3] ergeben. Nun wissen wir aber, dass in allen solchen Fällen die Fremdbestäubung seitens verwandter Arten ganz besonders begünstigt ist, und habe ich mich speciell durch Versuche überzeugt, dass das bei den Tulpen so gut wie bei den, in ähnlichem Fall befindlichen, Fuchsien zutrifft. Die Samen mehrerer Tulpenhybriden sind schon gewonnen und die Bastardform Tulipa silvestris ♂ × Didieri ♀ hat bereits reichlich gekeimt, allein ich weiss nicht, ob ich deren Blüthe erleben werde. Man hat in früheren Jahrhunderten, wie oben ausgeführt, die Tulpen viel mehr als heute aus Samen gezogen. Wenn also im Garten, wo verschiedene aus Ablegerzwiebeln vermehrte und desshalb in sich sterile Arten und Sorten bei einander standen, ohne Anwendung künstlicher

Bestäubung keimfähige Samen producirt wurden, so ist für diese mit gutem Grund, in vielen Fällen wenigstens, Fremdbestäubung vorauszusetzen. Soweit die Gartentulpe.

Wenden wir uns nun zu der Herkunft der räthselhaften Neotulipen des mittleren und oberen Italiens sowie Savoyens, so finden wir über diese bereits eine ausgiebige und die Sache nach meiner Ansicht wesentlich klärende Discussion in der Litteratur. Sie knüpft ursprünglich an an Parlatore's[1] und Caruel's[1], bei Besprechung der florentinischen Neutulpen geäusserte Meinung, dieselben seien echte alte Species, die zur Zeit der Werthschätzung dieser Blumen nach Toscana importirt, später weggeworfen wurden und wieder verwilderten. Dieselben Arten müssen sich also entweder im Orient an noch unbekannten Stellen wieder finden lassen, falls sie nicht etwa dort ausgerottet wurden. Es ist dies, wie man sieht, dieselbe Anschauung, deren Bedeutung wir oben bei Gelegenheit der Betrachtung der Abstammung unserer Gartentulpen beleuchtet haben. Levier[1] S. 78 trat dem in einem, eigens dem Gegenstand gewidmeten Aufsatz entgegen. Er hielt dafür, dass alle diese Neotulipae allerdings von weggeworfenen oder anderweitig verwilderten Gartentulpenzwiebeln stammen, die aber im Lauf historischer Zeiträume ihre Charaktere verändert haben, so zwar, dass sie zu neuen, sich jetzt constant verhaltenden Specien geworden sind, nicht etwa die Form ihrer asiatischen Vorfahren wieder bekommen haben. Er sagt ausdrücklich S. 290: „Cosi i tulipani alterati, metamorfosati dalla mano dell' uomo, sono ritornati alle vita naturale, facendosi di bel nuovo rustici, come i loro antenati. Senonché invece di riprodurre i tipi — diciamo orientali — di questi antenati, essi hanno preso figura nuova, talmente nuova, che tra il nonno ed il nipote non e rimasta la minima somiglianza specifica."

Danach müssen die Neotulipen, da Levier der Meinung ist, es würde beinahe niemals Tulpensamen producirt, sammt und sonders auf vegetativem Wege, auf dem Wege des Sportens, entstanden sein. Da nun diese Formen sich seitdem constant erhalten haben, so sind sie nach Levier in nichts von anderen echten Tulpenspecies zu unterscheiden, und müssen als solche bezeichnet werden. Was man hier ganz besonders vermisst, ist, dass die Entstehungsweise der Gartentulpen keine eingehende Besprechung erfährt. Natürlich ist Levier nicht ohne Widerspruch von Seiten Caruels'[3] geblieben, der seine frühere Meinung aufrecht erhält und weiter ausführt. Auch Chabert[2] hat sich dann bezüglich der Tulpen Savoyens ganz auf Caruel's Standpunkt gestellt, er legt auf Levier's Ansicht und deren Begründung als überzeugter Gegner der Descendenztheorie nur geringes Gewicht.

Levier[2] ist es dann wiederum in einer neuen Arbeit nicht schwer geworden, seine Leser von der geringen Stichhaltigkeit der von seinen

Gegnern vorgebrachten Gründe zu überzeugen. Er hat jetzt seine Anschauungen erweitert, vertieft; dieselben haben an manchen Punkten ganz wesentliche Modificationen erfahren. Die wichtigste von diesen Verbesserungen besteht darin, dass er sich überzeugt hat, dass ausgebildete Samen bei den Neotulipen zwar selten aber doch zuweilen vorkommen, S. 63. Im Anschluss daran sagt er dann: „n' y a-t-il pas dans ces apparitions soudaines se produisant toujours dans le voisinage d'autres tulipes (Anspielung auf das gruppenweise Vorkommen unserer Formen) quelque chose qui fait penser à un rapport direct, à une filiation, ou, pour le dire tout simplement, à une génération exceptionelle par graines, survenant quelquefois après une longue période de générations par voie végétative? On sait que les plus belles tulipes de jardin ont été obtenues anciennement et s'obtiennent encore par semis; pourquoi le même phénomène ne se serait-il pas produit quelquefois dans la nature?“ Da er aber der früher citirten Elwes'schen[1] Beobachtung an Tulipa Kolpakowskiana gegenüber, und bei dem Umstand, dass das Sporten der Gartentulpe nach verschiedenen Richtungen hin — man erinnere sich an das Parangoniren und an die Diebstulpen — unzweifelhafte Thatsache ist, auch die Veränderungsmöglichkeit auf vegetativem Wege anerkennen muss, so spricht er sich nicht näher darüber aus, ob die Neotulipen auf dem einen oder dem anderen Weg, oder aber auf beiden zu Stande gekommen sind. Dabei scheint er zu der letzten Anschauung, der auch ich beipflichten möchte, zu neigen. Sobald man nun auf dem Boden dieser von Levier gegebenen, übrigens noch durch das Experiment zur Gewissheit zu erhebenden, Darlegungen steht, dann kann man sich mit ihrem Autor in keiner Weise verhehlen, dass die Neotulipen Species, im alten Sinne des Wortes, keineswegs darstellen. Denn die Constanz ihrer Charaktere ist in diesem Falle doch nur eine geringere, sie scheint uns um desswillen viel beträchtlicher, als es wirklich der Fall, weil die Vermehrung der Individuen in unbegrenztem Maasse auf vegetativem Wege vor sich geht, die sexuelle Reproduction mit ihren Varianten und Rückschlagsbildungen nur selten hinzukommt. Sportbildungen werden gewiss nur in einzelnen und seltenen Fällen auftreten; sind doch solche an den in den Gärten gezogenen Florentiner Tulpen, wenn wir von Tulipa Etrusca absehen, die sich im Garten zu Florenz wesentlich verändert haben soll, kaum beobachtet worden. Und wenn sie auftreten, so werden sie den Eindruck der Constanz, den die betreffende Pflanzensorte hervorruft, nicht alteriren können, weil doch aus der Masse der sich in gleicher Weise, reproducirenden Zwiebeln nur einzelne ausfallen, die dann als neue, plötzlich aufgetretene Sorten erscheinen werden.

Diese Consequenzen, zu denen Levier's Anschauungen bezüglich der Speciesfrage führen, sind nun auch anderen Autoren nicht entgangen. So sagt z. B. Pillet[1] von den Savoyischen Neutulpen S. 144 mit Recht: „Leur constance actuelle, durât elle cent mille ans encore, n'a donc rien que de fort naturel, puisque c'est en réalité un seul et même individu qui s'étend par sa racine depuis le jour où une graine a été transporté la où les Tulipes fleurissent aujourd'hui." Und später betont es ganz besonders Fiori[1] S. 134, indem er meint: „La fissità dei caratteri dei Tulipani campestri deve ritenersi più come effetto della loro sterilità, o mancata riproduzione per semi e conseguente propagazione per via agamica, che della loro autonomia specifica." Seine weiteren Ausführungen gegen Levier können hier unbeachtet bleiben, da sie hauptsächlich auf Nomenclaturfragen hinauslaufen und die binären Speciesnamen für unsere Neotulipen als unberechtigt zu erweisen streben. Es möge diesbezüglich die Bemerkung genügen, dass die binäre Nomenclatur für solch' feine Distinctionen, wie sie hier vorliegen, sich nicht als ausreichend erweist, dass wir aber wohl mit Levier am Besten thun, sie faute de mieux dennoch anzuwenden, indem wir uns dabei der Ungleichwerthigkeit der in Rede stehenden Formen mit den Species im alten Sinne stets bewusst bleiben.

Etwas besseres als die bestehenden Namen hat eben, wie Levier[4] später mit Recht ausführt, Fiori nicht an deren Stelle zu setzen gewusst; seine Behandlung erweist sich im Gegentheil als eine reformatio in pejus.

Einen weiteren Schritt in der Entwicklung seiner Anschauungen über die Abkunft der Neutulpen hat Levier[3] in seiner Monographie gethan. Schon Pillet[1] hatte den Standpunkt vertreten, dass diese, soweit er sie aus dem Florengebiet Savoyens kannte, fixirte Kreuzungsproducte seien. Dieses Moment, welches in seinen Schriften bis dahin kaum erwähnt wurde, hat Levier nun in Betracht gezogen. Die 1883 neu aufgetretene Tulipa Martelliana erweckte ihm den Verdacht, sie könne ein Bastard von Tulipa maleolens und Tulipa spathulata sein. Die Untersuchung ergab, in Bestätigung dieses Verdachtes, den für Bastarde so häufig nachgewiesenen functionsunfähigen Pollen. Indem er diese Studien auf die ganze Reihe der Florentiner Tulpen und viele andere Alttulpen ausdehnte, konnte er zeigen, dass bei diesen letzteren durchweg guter Pollen vorkommt, hier und da mit Spuren von unvollkommenen Körnern untermischt, dass dagegen eine Anzahl von Neotulipen entweder schlechten oder mit einem grösseren Bruchtheil schlechter Körner gemischten Pollen besitzt. Immerhin giebt er für einige von diesen, nämlich für Tulipa maleolens, Etrusca und Sommieri, neglecta, lurida einen „pollen parfait" an. Leider fehlt die Untersuchung der Gartentulpen verschiedener Sorten und Raçen; ich zweifle nicht, dass auch hier die verschiedensten Abstufungen in der Vollkommenheit des Pollens sich gefunden haben würden. Mit Recht sieht Levier in diesem Verhalten des Blüthenstaubes ein Anzeichen hybrider Abkunft und sagt diesbezüglich am Schluss des allgemeinen Theiles der Arbeit S. 237: „D'autre part, comme les espèces rares croissent toujours dans le voisinage d'autres tulipes, il arrivera de temps en temps qu'elles soient fécondées par le pollen de ces dernières ou vice versa. Cette combinaison aura même plus de chances de réussite que les fécondations entre individus de la même espèce. L'apparition du Tulipa Martelliana ne peut guère s'expliquer d'une autre façon."

Ich habe meinerseits gegen diesen Satz nicht das Mindeste einzuwenden, glaube aber, dass man weiter gehen darf, und dass solche wiederholte Kreuzungen als Ausgangspunkte für die Entstehung neuer Formen gar nicht erfordert werden. Es hat Levier hier, wie überall, nach meiner Meinung der Entstehungsgeschichte unserer Gartentulpen nicht genügende Aufmerksamkeit geschenkt. Ich glaube oben wahrscheinlich gemacht zu haben, dass diese ursprünglich schon aus der Kreuzung und Verschmelzung differenter, wild wachsender Species hervorgegangen sind. Nichts spricht mehr dafür, als die grosse Unbeständigkeit ihrer Charaktere bei Erziehung aus Samen. Sie haben eben nach meiner Auffassung die extreme Variabilität als Erbtheil ihres multiplen Ursprungs bis zum heutigen Tage durch Jahrhunderte behalten. Und dieses Erbtheil wird ihnen gewiss auch dann verbleiben, wenn sie verwildern, sofern sie überhaupt den Kampf ums Dasein mit anderen Mitbewerbern auszuhalten vermögen. Kommt es dann zur Samenreife, so wird vielfach die Bildung neuer abweichender Formen der Erfolg sein, ganz gleichviel, ob die Befruchtung, aus der der Same entsprang, zwischen Individuen der gleichen Sorte, oder solchen von verschiedener Beschaffenheit Platz griff. Unter diesen Voraussetzungen ist es sehr leicht zu verstehen, wenn man bei Florenz fortwährend neue Formen auftreten, wenn man daneben andere wieder verschwinden sieht. Es waren eben diese letzteren Varianten schwächerer Organisation, die sich auf die Dauer neben ihren Schwesterformen nicht halten konnten. Und wenn einzelne durch längere Zeiträume schwinden und dann plötzlich am selben Orte wieder gefunden werden, wie dies für Tulipa spathulata und serotina bei Florenz der Fall gewesen ist, so wird das auch begreiflich unter der sehr wahrscheinlichen Annahme, dass die betreffenden Formen zwar vegetativ sich zu erhalten, aber nur unter besonders günstigen Bedingungen zur Blüthe zu gelangen befähigt sind. Sehen wir doch an so vielen Stellen Europas, wo sie minder geeignete Existenzbedingungen findet, die Tulipa silvestris als Unkraut wachsen, ohne dass sie jemals Blüthe und Frucht erzeugt.

Wenn somit die Thatsache des gruppenweisen Zusammenvorkommens der Neotulipen sich durch Levier's Betrachtungen aufs einfachste erklärt, so haben wir doch die Ausnahme der Tulipa Passeriniana der Gegend von Piacenza zu berücksichtigen, da diese Form ganz allein aufgetreten ist. Hier kann ich nun nicht zweifeln, dass Samenverschleppung von anders woher im Spiel ist, sei sie auf einen Garten, sei sie auf Saatgetreide zurückzuführen, welches aus einer Tulpenreichen Oertlichkeit gekommen war. Denn wenn man sieht, wie einige der dauerhafteren Florentiner Typen, wie Tulipa maleolens nach Livorno, Genua und Lucca, wie Tulipa connivens nach Lucca und Bologna, wie Tulipa strangulata und Tulipa Fransoniana nach Bologna, wie ferner die schöne Tulipa Didieri von St. Jean de Maurienne nach Sitten im Wallis sich verbreitet haben, so liegt dem gewiss nicht wiederholte Entstehung genau der gleichen Form, die geradezu ein Wunder wäre, sondern Zwiebelverschleppung zu Grunde. Und wenn Pillet[1] meint: „Il est clair que cette supposition ne saurait s'appliquer à nos groupes du Galoppaz, d'Orizan, d'Aime, ou de St. Jean de Maurienne. Il n'y a pas à vingt lieues à la ronde un amateur qui cultive ou puisse jeter des oignons de tulipe. On ne s'expliquerait pas comment ces oignons auraient été transportés à des altitudes de 1000 mêtres au dessus de toute culture" — so ist dem doch entgegenzuhalten, dass eine einzige solcher Orts, etwa in einem Kloster der früheren Zeit, cultivirte Tulpensorte wohl verwildern und dann durch ihre Samenproduction der Ausgangspunkt einer der heutigen Formengruppen werden konnte. Stehen doch die Tulpenfundorte nicht selten mit den Klöstern in Beziehung. Erst in diesem Frühling fand ich Tulipa Oculus Solis, die bisher im Sienesischen nicht bekannt war, auf einigen wenigen, dicht neben dem in einsamer Gebirgswildniss erbauten Benediktinerkloster Monte Oliveto maggiore bei Asciano gelegenen Aeckern, in Menge vor, während weiterhin nicht eine Spur derselben mehr zu sehen war.

Eine kurze Recapitulation der Resultate mag den Schluss dieser langathmigen Betrachtungen über die Geschichte der europäischen Tulpen bilden. Es stellt sich heraus, dass die Gartentulpen die variable Progenies alter Kreuzungen zwischen nicht näher bestimmbaren asiatischen Species der Gattung; dass die wilden Alttulpen Europas reine, aus dem Osten gekommene Arten darstellen; dass endlich die Neutulpen sich als Abkömmlinge der Gartentulpen erweisen, die wieder in wilden Zustand gelangt sind und dass deren häufiges Neuauftreten der geringen Constanz der Vererbung bei der Fortpflanzung mittelst Samen, vielleicht auch gegebenen Falls der Sportbildung zur Last zu legen ist.

Litteratur

zur Geschichte der Tulpen.

van Aitzema. [1] Saken van Staet en Oorlog, Vol. II, p. 504, s'Gravenhaage 1669.

d'Ardene. [1] Traité des Tulipes Avignon 1760 ed. princeps, Bibl. Krelage; altera 1765. Bibl. Argent. Nach Letzterer wird citirt.

Baker, J. G. [1] Revision of Tulipeae. Journ. Linn. Soc. of London, Vol. XIV (1874). Bibl. Arg.

[2] Revision of Tulipeae. Gardener's Chronicle, New Ser. Vol. XIX, 1883, p. 628 ff. Bibl. horti Arg.

Bauhin, J. [1] Historia plantarum universalis, Vol. II, Ebroduni 1651.

Beckmann, J. H. [1] Physikalisch-ökonomische Bibliothek, Vol. III, S. 221 (1772). Bibl. Argent. Giebt nur ein Referat von Weston bot. univ.

[2] Geschichte der Erfindungen, 1780—1805, Vol. II, Bibl. Arg.

Bellardi, C. A. L. [1] Appendix ad Floram Pedemontanam. Mém. de l'Acad. des sc. de Turin, 1791, p. 226.

Bellermann, J. J. [1] Bemerkungen über die Tulpe. Der Gesellsch. naturforsch. Freunde zu Berlin Magazin f. d. neuesten Entdeckungen in d. ges. Naturkunde, Jahrg. VII (1816), S. 57. Bibl. Arg.

[2] Bemerkungen über die Vermehrungsarten der Tulpe. Berlin, ohne Jahreszahl, im Manuscript gedruckt. Städtische Bibl. zu Berlin. Vollständig reproducirt bei **Krünitz**, siehe unten.

Benemann, J. Ch. [1] Die Tulpe zum Ruhm ihres Schöpfers und Vergnügung edler Gemüther, beschrieben von dem Verfasser derer Gedanken über das Reich der Blumen. Dresden und Leipzig 1741. Bibl. Mus. Britann. et Krelage.

von Berg, E. [1] Die Biologie der Zwiebelgewächse. 1837. Bibl. Berolin.

Bertoloni, A. [1] Flora Italica. Vol. IV (1839).

Biologia britannica. Vol. IV. London 1757, p. 2462 adnot. Bibl. Arg.

von Blainville, ... [1] Reisebeschreibung, besonders durch Italien, übersetzt von J. T. Köhler. Lemgo 1767, Vol. V, S. 511 ff. Bibl. Arg.

Bosse, J. F. W. [1] Vollständiges Handbuch der Blumengärtnerei. Vol. III, S. 525 (Hannover 1842).

Bossin. [1] Les plantes bulbeuses; nondum vidi.

Braun, A. [1] Die Verjüngung in der Natur. (1851.) S. 60.

[2] Das Individuum der Pflanze. II. Abhandl. d. Berliner Akad. 1853, S. 78, adnot.

Breslauer Sammlungen von Natur und Medicin, 1721, Majus, Classe IV, Art. VI, S. 521. Bibl. Arg. (Unbedeutend; handelt von einem mehrblüthigen Tulpenstengel.)

von Brocke, H. Chr. [1] Beobachtungen von Blumen. Leipzig 1771. Bibl. Mus. Brit.

de Bry, J. T. [1] Florilegium. 1612. Bibl. Arg.

Buchoz, S. J. [1] Collection coloriée des plus belles variétés de Tulipes qu'on cultive dans les jardins des Fleuristes ou Étrennes de Flore aux amateurs. (Paris 1781.) Bibl. Krelage. (Enthält 40 zum Theil gut colorirte Abbildungen, darunter meist Roses und Bybloemen, wenig Bizarden.)

Busbequius, Augerius Ghislenius. [1] Epistolae de rebus turcicis. 1689. Ep. I. p. 46. Bibl. Arg.

Camerarius, J. [1] Hortus medicus et philosophicus. Francof. 1588. Bibl. Arg.

de Candolle, Alph. [1] Géographie botanique. 1855.

Caruel, T. [1] Di alcuni cambiamenti avvenuti nella Flora della Toscana in questi ultimi tre secoli. Atti della soc. Ital. d. sc. nat. IX. Milano 1867.

[2] Statistique botanique de la Toscane. Arch. d. sc. phys. et nat. de Genève. Vol. XL (1871).

[3] La questione dei Tulipani di Firenze. Atti della soc. toscana di sc. nat. Vol. IV (1879). Bibl. Arg. Wiederabdruck in Nuovo Giornale bot. Ital. Vol. XI (1879).

Chabert, A. [1] Esquisse de la végétation de la Savoie. Bull. de la soc. bot. de France. Vol. VII (1860), p. 572.

[2] Origine des Tulipes de la Savoie. Bull. de la soc. bot. de France. Vol. XXX (1883), p. 245.

Clarici, P. B. [1] Istoria e coltura delle piante che sono per fiore più riguardevoli. Venezia 1724. Bibl. Götting.

Clusius, C. [1] Rariorum plantarum historia. Antwerpiae 1601.

[2] Curae posteriores. Antwerpiae 1611.

Cohn, F. [2] Dr. Laurentius Scholz von Rosenau, ein Arzt und Botaniker der Renaissance. Deutsche Rundschau, Vol. 63 (1890), S. 109.

Cos, P. [1] Verzameling van een meenigte Tulipanen naer het leven geteekend met hunne namen en swaarte der bollen 300 als die publicq verkogt zyn te Haerlem in den jaare 1637 door P. Cos, Bloemist te Haerlem. Bibl. Krelage.

Cysat, Renward. [1] Manuscript der Stadtbibliothek zu Luzern. Collectanea, Vol. IX, Fol. 87, 160, 277.

Devaux, H. [1] Enraçinement des bulbes et géotropisme. Bull. soc. bot. de France, Ser. 2, Vol. XII (1890), p. 155—159.

von Diez, H. [1] Denkwürdigkeiten von Asien, Bd. II, S. 1 ff. (1815.) Bibl. Arg.

Dyer, Thiselton. [1] The cultural evolution of Cyclamen latifolium Sibth.; Proceed. Royal Soc. Vol. LXI (1897), p. 135.

[2] Ueber die Cineraria der Gärten. Nature, 1895, March 14, April 25.

Elsholtz, Joh. Sig. [1] Neuangelegter Gartenbau. Leipzig 1715. Bibl. Arg.

[2] Theatrum Tuliparum, Manuscript der bibl. Berol., zahlreiche schlecht gemalte und meist schlecht erhaltene Abbildungen bergend.

Elwes, M. H. J. [2] Notes on the genus Tulipa; Gardeners Chronicle, Vol. XIII, New Ser. (1880.) p. 653.

Ferrarius, J. B. [1] De florum cultura libri IV. Roma 1633. Bibl. Arg. (Tulpe von S. 143 an. Sehr gute Morphologie der Zwiebel.)

Fiori, A. [1] I generi Tulipa e Colchicum etc. Malpighia, Vol. VIII, Fasc. III, IV, Genova 1894.

[2] Palaeotulipe, Neotulipe e Mellotulipe. Malpighia, Vol. IX, 1895. p. 534 ff.

Focke, W. O. [1] Die Pflanzenmischlinge. 1881.

[2] Beobachtungen an Feuerlilien. Kosmos, Jahrg. VII, Bd. XIII (1883), S. 653.

[3] Versuche und Beobachtungen über Kreuzung und Fruchtansatz bei Blüthenpflanzen. Abh. d. naturw. Vereins zu Bremen, Vol. IX (1889—1890), S. 413.

Frischius, Joh. [1] Rustuuren vertaalt door S. de Vries. Amsterdam 1681, p. 46, non vidi!

Garidel, P. J. [1] Histoire des plantes qui naissent aux environs d'Aix et dans plusieurs autres endroits de la Provence. Aix 1715. Bibl. Arg.

Gassendi, P. [1] Viri illustris N. C. F. de Peiresc, Senat. Aquisextiensis vita. Haag 1651. Bibl. Arg. (Enthält mancherlei über Einführung von Gartenblumen.)

Germain de St. Pierre, H. [1] Nouveau Dictionnaire de Botanique. 1870. p. 165. (Ausläuferbildung von Tulipa silvestris.)

Gesner, C. [1] De hortis Germaniae liber accedit Valerii Cordi in Pedacii Dioscoridis Anazarbaei de medica materia libros V. 1561. Bibl. Arg.

[2] Epistolarum medicinalium libri III. Tiguri 1577; liber II ultima epistola ad Adolphum Occonem medicum Augustanum de dato 5 Nov. 1565. Bibl. Arg.

Grätzer, Jonas. [1] Lebensbilder hervorragender schlesischer Aerzte aus den letzten vier Jahrhunderten. Breslau 1889.

Crato von Krafftheim, Laurentius Scholz, Caspar Schwenckfeldt.

Henry, A. [1] Beiträge zur Kenntniss der Laubknospen. Abth. III. Nova Acta Leop. Carol. Vol. 21, Pars I (1845), p. 277—292.

Hesse, H. [1] Neue Unterweisung zum Blumenbau, als Heinrich Hessen's Gartenlust anderer Theil aus der französischen Sprache in die hochteutsche übersetzt. Leipzig 1705. (Enthält die Uebersetzung des Anhanges über Blumenbau bei de la Quintinye, und giebt den Inhalt von La Chesnée Monstereux le Fleuriste français 1673 genau wieder.) Bibl. Solms.

Hildebrand, F. [1] Die Gattung Cyclamen. Jena 1896.

Jablonsky, J. Th. [1] Allgemeines Lexicon der Künste und Wissenschaften. Vol. II, 1767, S. 1604. Bibl. Arg.

Jordan, A. et Fourreau, J. [1] Icones ad Floram Europaeam. Vol. I. Paris 1866 bis 1868. Bibl. Arg.

Irmisch, Th. [1] Zur Morphologie der monocotylischen Knollen- und Zwiebelgewächse. Berlin 1850.

[2] Beiträge zur vergleichenden Morphologie der Pflanzen, Tulipa. Bot. Zeitg. Vol. 21 (1863), S. 177.

Justice, James. [1] The british Gardeners Director chiefly adapted to the climate of the northern countries. Edinburgh 1764, p. 313 (Tulip.). Enthält einiges über die Cultur, sowie Verzeichnisse von Baguetten, Bybloemen und Bizarden. Bibl. horti Kewensis.

Kaehler. [1] Encyclopädisches Pflanzenwörterbuch. Wien 1829; non vidi, citirt nach Treviranus. (Enthält einiges über Ausläuferbildung von Tulipa Celsiana und Tulipa praecox.)

Kraus, G. [1] Der botanische Garten der Universität Halle. II. Leipzig 1894.

Krelage, E. H. [1] Tulip thieves. Gardener's Chronicle, 1881, Pars II, p. 182.

Krünitz, Joh. Georg. [1] Oekonomisch-technologische Encyclopädie, Vol. 190. Berlin 1846, S. 500 ff. Bibl. Arg.

Langlois. [1] Livre des fleurs. Paris 1620. Bibl. Arg. (Enthält gute schwarze Bilder differenter Tulpensorten.)

Lauremberg, P. [1] Apparatus plantarius. Francof. 1654. Bibl. Solms.

Levier, E. [1] I Tulipani di Firenze ed il Darwinismo. Rassegna settimanale. Vol. II, No. 17. Roma 1878. Bibl. Arg.

[2] L'Origine des Tulipes de la Savoie et de l'Italie. Archives Italiennes de Biologie, Vol. V. Paris 1884. Bibl. Arg.

[3] Les Tulipes de l'Europe. Bull. de la soc. des sc. nat. de Neufchatel, Vol. XII (1884). Bibl. Arg.

[4] Neotulipes, Paléotulipes; Malpighia, Vol. VIII. Genova 1894, p. 401.

Linné, C. [1] Hortus Cliffortianus. 1737. Bibl. Arg.

Lippold, J. F. [1] Taschenbuch des verständigen Gärtners für 1824. Vol. II. (Uebersetzung des bon jardinier mit Zusätzen von N. Baumann in Bollweiler.) Bibl. Arg.

Lobelius, M. [1] Plantarum seu stirpium historia. Antwerpiae 1576.

Loiseleur Deslongchamps, E. [1] Herbier général de l'amateur dédié au Roy par feu Mordant de Launay. Paris 1819. Bibl. Berol.

Loret, H. [1] Sur les bulbes pédicellés du Tulipa silvestris. Bulletin de la soc. botan. de France, Vol. 22 (1875), p. 186.

Lothes, P. W. [1] Bloemen en Bloemenhandel. Tijdschr. van Gesch. Oudh. en Statistik te Utrecht v. van de Monde. Jaarg. VI (1840), p. 100—109. Bibl. Götting.

Lueder, F. H. H. [1] Botanisch-praktische Lustgärtnerei, Vol. II (1784), S. 286. Bibl. Arg.

Dieses Buch reproducirt den Inhalt zweier von mir nicht im Original gesehenen Werke, nämlich: 1. Hanbury, A., Complete body of planting and gardening, 1770—1771 und 2. Mawe, Th. and Abercrombie, J., The universal Gardener and botanist. London 1778.

Malo. [1] Histoire des Tulipes, non vidi.

Marquardus, Joh. [1] De jure mercatorum et commerciorum singulari. Francof. 1662, Vol. I, Lib. II, Cap. I, p. 181. Bibl. Arg.

Mattei, G. E. [1] I tulipani di Bologna. Malpighia, anno VII, 1—2. Genova 1893.

Mattioli, Pierandrea. [1] De plantis epitome. 1586.

Meteranus novus, das ist Niederländischer Historien vierter Theil. Lib. 47—55. Amsterdam 1640, Lib. 55, p. 518 ff. Bibl. Arg.

Miller, Th. [1] The Gardener's Dictionary. Ed. VIII. London 1768. (Erste Edition von 1731.) Bibl. Arg.

Mordant de Launay. [1] Le bon jardinier, Almanach pour l'année. 1810, p. 223 ff. Bibl. Arg.

Morren, Ch. [1] Histoire littéraire et scientifique des Tulipes, Iacinthes, Narcisses, lis et Fritillaires ou fragments d'une histoire de l'horticulture belge. Bruxelles 1842, non vidi.

Munting, Abr. [1] Waare Oeffening der Planten etc. Amsterdam 1672, p. 629. Bibl. Arg.

Neuenhahn, Chr. L. [1] Zwiebelgärtner. 1804. Bibl. Berol.

Pallas, P. S. [1] Reisen durch verschiedene Provinzen des russischen Reichs. 1771 bis 1776, Vol. III, p. 727—728. Bibl. Arg. (Enthält Angaben über die Zwiebel der Tulipa biflora.)

Parkinson, J. [1] Paradisi in sole paradisus terrestris. London 1629. Bibl. Solms.

Parlatore, F. [1] Flora Italiana. Vol. II (1854), p. 387.

Passaeus, Crispinus. [1] Hortus floridus. 1614. Bibl. Arg.

Paulli, Simon. [1] Viridaria varia Regia et Academica publica. Hafniae 1653.

(Enthält die Cataloge folgender Gärten: I. Hafniae, II. Parisiensis 1636, III. Warsaviensis 1651, IV. Oxoniensis 1648, V. Gymnasii Patavini 1642, VI. Lugduno-Batavi 1642 und 1649, VII. Groningensis 1646.) Bibl. Arg.

Pillet. L. [1] Les tulipes de la Savoie. Revue Savoisienne, Année 26 (Annecy 1885). Bibl. Berol.

Ray, J. [1] Historia plantarum. Vol. II, p. 1150 (1688). Bibl. Arg.

Rea, John. [1] Flora seu de florum cultura. London 1665. Bibl. Musei Brit.

de Reboul. [1] Nonnullarum specierum Tuliparum in agro Florentino crescentium propriae notae. Florentiae 1822. Appendix Florentiae 1823. Bibl. Arg.
[2] Selecta specierum Tuliparum in agro Florentino sponte nascentium synonyma. Florentiae 1838. Bibl. Arg.

Redouté, P. J. [1] Les Liliacées. 1802—1816. Bibl. Arg.

Regel, E. [1] Descriptiones plantarum novarum in regionibus Turkestanicis collectarum. Fasc. I. 1873. Fasc. II. p. 62. 1874. Fasc. VII. p. 214. 1879. Acta horti Petropolitani, Vol. II—VI.

Reichardt, H. W. [1] Ueber Carl Clusius' Wohnhaus. Verh. d. k. k. zool. botan. Ges. zu Wien, Vol. XVII (1867).

Ricard, Jean Pierre. [1] Le négoce d'Amsterdam. Rouen 1723. Bibl. Gōtting.

Rimpau, W. [1] Kreuzungsprodukte landwirthschaftlicher Culturpflanzen. Berlin 1891. Bibl. Solms.

Roth, A. G. [1] Catalecta botanica. Fasc. I. Lipsiae 1797, p. 45. Bibl. Arg.

Royer, Ch. [1] Flore de la côte d'Or. 1881. Bibl. Solms. (Zwiebelbau der Tulpe.)

Rudbeck, Olaus. [1] Campi Elysii liber II. Upsalae 1701. Bibl. Mus. Brit. (Enthält einen Abschnitt über Tulpen, S. 98—112, dessen Text rein descriptiv, aber von vielen guten schwarzen Abbildungen begleitet ist.)

de Saint Amans, J. F. B. [1] Flore Agenaise. 1821, p. 145. Bibl. Arg.

Sautyn-Kluyt, W. P. [1] De Tulpen en Hyacinthenhandel. Mededeelingen gedaan in de Vergaderingen van de Maatschappy der Nederlandschen Letterkunde te Leiden. 1865—1866, p. 1—71. Bibl. Krelage.

Schedel, Seb. [1] Calendarium. 1610. Bibl. horti Kewensis. (Manuscript mit vielen Tulpenabbildungen.)

Schkuhr, Chr. [1] Botanisches Handbuch. Vol. I. Leipzig 1808. Bibl. Berol. (Tulpenzwiebel.)

Schoockius, Martinus. [1] Dissertatio physico-historica de Tulipis. Groningae 1648. Bibl. Arg.

Schrevel, Th. [1] Harlemias or eerste stichting der stad Harlem. Ed. II. 1754. (Erste Ed. von 1647.) Bibl. Lugd. Batava.

Schube, Th. [1] Schlesiens, Culturpflanzen zur Zeit der Renaissance. Breslau 1896.

Schupp, J. Balth. [1] Salomo- oder Regentenspiegel. Vorgestellt aus denen eilff ersten Capiteln des ersten Buchs der Königen. 1659. Cap. IX. Keine Paginirung und kein Druckort. Bibl. Arg.

Simula, Joh. Godofr. [1] Flora exotica. 1720. (Ein Manuscript mit vielen Tulpenbildern, welches sich im botanical Department des British Museum, South Kensington befindet.)

Slater, J. [1] The tulip, its history. Horticultural Cabinet, April 1840, im Originaltext reproducirt bei Wm. Baylor Hartland little book of Irish grown Tulips. 1890. Bibl. Solms.

von Stetten, P. [1] Kunst-, Gewerbs- und Handwerksgeschichte der Reichsstadt Augsburg. Vol. I. Augsburg 1779. Bibl. Arg.

Stromer von Reichenbach, W. A. [1] Die edle Gartenwissenschaft, aus Petri Laurembergii Rostochiensis horticultura et apparatu plantarum zusammengelesen. Nürnberg 1671. Bibl. Arg. (Enthält auf S. 336 einen „Catalogus der fürnehmsten Tulpensorten, wie sie bis 1670 aus Holland überschicket worden“.)

Sturm, J. W. [1] Deutschlands Flora. I, 8, 29.

Sweet, R. [1] The floriste guide. Vol. II. London 1829—1832. Bibl. Krelage.

Tenzel. [1] Monatliche Unterredungen. 1690. Nov. S. 1041. Bibl. Arg.

Tijdeman, H. W. T. [1] Jets over den Tulpenbandel. Verslag over 1865 van het provinciaal genootschap van Kunsten en Wetenschappen in Noord Brabant. Bibl. Krelage.

Trattinick Leop. [1] Archiv der Gewächskunde. 1812—1818. Bibl. mus. brit. South Kensington.

Trew, D. D. Chr. Jac. [1] Hortus nitidissimus omnem per annum superbiens floribus, sive amoenissimorum florum imagines in publ. edidit Joh. Mich. Seligmann. Noribergae 1768. Bibl. Krelage.

Ursinus, Leonardus. [1] De Tulipa bombycina. Leipzig 1761. Ganz unbedeutend.

Vallet, P. [1] Le jardin du roy très chrestien Henry IV. 1608.

Vallot, V. [1] Hortus regius. Paris 1665. Bibl. Arg.

Valvassor, Joh. Weichard. [1] Die Ehre des Herzogthums Krain in reines Teutsch gebracht und mit manchen Erklärungen, Anmerkungen und Erzählungen erweitert durch Joh. Francisci. Laybach 1689. Bibl. Arg.

Visscher, Römer. [1] Zinnepoppen. Amsterdam 1669, non vidi.

Viviand Morel. [1] Ueber Tulipa praecox. Soc. bot. de Lyon. Bulletin trimestriel. No. 2, Juin—Décembre 1893, séance 6 juin 1893. Bibl. Mus. Brit. South Kensington.

Vulpius, Chr. Aug. [1] Curiositäten der physisch, litterarisch, artistisch-historischen Vor- und Mitwelt. Bd. V, Stück IV, VIII, p. 348. Weimar 1816. Bibl. Arg.

Wassenaera, Nic. [1] Historisch Verhael aller gedenkwaerdigher Geschiedenissen. Deel V (1622—1623), April 1623, Stuk II. p. 40^b und 41, oder in andern Expl. p. 35^b—36. Amstelredam 1624. idem Deel VII, Junius 1624, p. 141^a und Deel IX, Aprilis 1625, p. 9^b—10^a. Bibl. Lugduno Batav., et Academiae Amstelodamensis.

Weinmann, J. W. [1] Phytanthozaiconographia. Vol. IV (1745), p. 461 ff., t. 982 bis 996. Bibl. Arg.

Anonyma.

[1] Accurate Description of the whole collection of fine Hyacinths, Tulips and Rannunculuses, that are collected from the different dutch flowrists and together to be found in the large Dutch flower Garden from Voorhelm and Schneevogt flowrists and seedsman at Haerlem in Holland. Haerlem 1769. Bibl. Krelage. Alter Verkaufskatalog, kl.-8°., mit schwarzen Bildern und einer enormen Liste von Sorten.

[2] Biggel Tranen over de schielijke veranderinge van de vermeynte groote winst. Coopmanschapp der Bloemisten gestelt by Forme van t'samensprekende personagien. Ghedr. by den Autheur anno 1637. Kl.-4°. 12 pp. Ein Gedicht von Pieter Jansz van Kampen. Bibl. Krelage.

[3] 1733, Catalogus über sämmtliche Ihro hochfürstlichen Durchlaucht dem regierenden Herrn Marggraven zu Baden-Durlach zugehörige, zu Carlsruhe und Basel florirende Tulipanen. Bibl. Krelage.

Beginnt mit „Admiral Bottebakker“ und endet mit „withe Vlaggroot“. Die Buchstaben, die hinter jedem Tulpennamen stehen, bedeuten die Correspondenten und Blumisten von denen die Blumen benamset und geschickt worden.

[4] Clare ontdeckingh der dwasheydt derghener die haer tegenwordig laten noemen Floristen. Gestelt in forma van t'samensprekinge tusschen de bloemen ende Flora, d'eene haer klachten doende, ende d'ander antwoordende. Met annotatien op de kant tot verclaringhe van't gene ey te samen handelen. Tot Hoorn voor Zacharias Cornelisz, Boekverkoeper op de Nieuwestraet in den Liesveldtschen Bybel. Anno 1636. Bibl. Krelage.

Mit einer Vignette, ein goldenes Kalb auf einem Altar darstellend. Daneben steht: „T'calf is aangebeden. Exodi 32. 16 pp. kl.-4°. in Versen.

5 Connoissance et culture parfaite des belles fleurs. Paris. Ch. de Sercy, MDCXCVI. Bibl. Arg.

6 De rechte bloemprijs. Enkhuysen, A. Wz. Klappel, 1637. Bibl. Krelage.

7 De verhandeling van Mr. W. S. Sautyn-Kluyt over den Tulpenhandel van 1636; Nederlandsche Spectator, 1867, 2 Maart. Bibl. Krelage.

8 Geschockeerde Bloem Cap, t'samen ghenaeyt van veelderbande lappen ende wel warm gevoert met schotte Bocken vellen gemaekt op't versoeck van verscheyden, niet Tulpisten maer oprechte Bloemisten. Ghedruckt op Cuylenburgh daer men't roode hoorn in't witte velt voor Wapen voert. Anno 1637. 8 pp. kl.-4°. Bibl. Krelage.

Ist ein Schimpfgedicht auf den Tulpenhandel, von Pieter Jansz van Campen verfasst.

9 Ein Spottbild auf die Tulipomanie aus dem Jahr 1637, trägt den Titel: Floraes Geckskap. Afbeeldinge van't wonderlijke jaer van 1637 doen d'eene geck d'ander uytbroeyde de Luy ryk sonder goed, en wijs sonder verstand waren.

Dieses Flugblatt ist auch in die unter 10 aufgeführte Sammlung aufgenommen, ebenso in sehr verkleinerter Form in die dritte Edition des Gaergoedt und Waermondt.

10 Het groote Tafereel der dwasheid, vertoonende de opkomst, voortgang en ondergang der Aktie, Bubbelen, Windnegotie, in Frankrijk, Engelland en de Nederlanden gepleegd in den Jaare 1720, zynde eene verzameling van alle de conditien en projekten van de opgeregde compagnien van assurantie, navigatie, commercie etc. in Nederland, zowel die in gebruyk zyn gebragt als die voor de H. Staaten van eenige Provincien zijn verworpen als mede konstplaten, comedien en gedichten door verscheyde Liefhebbers uytgegeven tot beschimpinge dezer verfoeijelyke en bedrieglyke handel waardoor in dit jaar verscheyde familien en personen van hooge en lage stand zyn gerruineerd en in haer middelen verdorven ende opregte negotie gestremd zo in Frankrijk, Engelland als Nederland.

Zolang den gierge mensch — is vorzien van geld en goed — krygt den bedrieger tog zyn wensch — want hem de gierge en onnooz'te altyd voed. — Ghedrukt tot waerschouvinge voor de nakomelingen in't nootblottige jaer, voor veel zotte en wyze 1720.

11 Nieu-Jaers Pest Spiegel, waer in te sien is de rechtveerdige Peststraffe Gods voorghestelt tot opmerck der weeldige Nederlanders in dese snoode bedurven eeuwe. Gepronpremc. by Liefd' boven al, binnen Haerlem anno 1637. Waer in verhaelt wordt den onmatigen handel der Floristen in sommighe Landen ende de plaghe die daar opghevolght is. Hoorn vor Zacharias Cornelisz 1637. kl.-4°. 8 pp. Geschrieben von S. Fz. van der Lust, mit dem Sinnspruch: „Lust na Rust" versehen. Bibl. Krelage.

12 Regnum Florae, das Reich der Blumen mit allen seinen Schönheiten nach der Natur und ihren Farben vorgestellt. Nürnberg bei Wolfg. Knorr, ohne Datirung.

13 Theatrum Florae in quo ex toto orbe selecti mirabiles venustiores ac praecipui flores tanquam ab ipsius Deae sinu proferuntur. Lutetiae Parisiorum apud Petrum Firens (1633). Bibl. Arg.

14 Tooneel van Flora. Vertoonende: grondelijike Redens-ondersoekinge, van den Handel der Floristen. Ghespeeld op de spreucke van Anth. de Guevara: Een voorsichtich eerlijck man, sal altijt meer ghedulden dan straffen. Noch is hier by-gevoegt de Lijste van eenige Tulpaen vercocht aan de meestbiedende tot

Alcmaer op den 15. Febr. 1637. Item t'Lofdicht van Calliope over de Goddinne Flora etc. Amsterdam Broerz. Bibl. Krelage. kl.-8°. 28 pp. Ist eine Vertheidigung des Tulpenhandels, theils in Poesie, theils in Versen, von dem Alkmaarer Dichter Corn. van de Woude.

15 T'Samenspraecken tusschen Waermondt ende Gaergoedt ropende opkomste ende ondergang van Flora. Ghedruckt te Harlem by Adriaen Roman anno 1637. Bibl. Krelage.

Zweite Edition desselben Buches, mit Hinzufügung einer Sammlung bezüglicher Spottschriften, unter dem Gesammttitel: Floraes sotte bollen afgemaelt in Dichten en Sangen door verscheyde autheuren tot Amstelredam voor Cornelis Danckaertsz anno 1643. Bibl. Krelage.

Dritte Edition: Abdruck der zweiten unter dem Titel: „De drie t'samenspraecken tusschen Waermondt en Gaergoedt over de op en ondergang van Flora. Haarlem, Joh. Marshoorn, 1734. Bibl. Krelage. Nur diese dritte Edition ist im Text citirt.

16 Traité de la culture des Renoncules, des oeillets, des auricules et des tulipes. Paris, Savoye MDCCCLIV, non vidi.

17 Traité des Tulipes avec la manière de les bien cultiver, leurs noms, leurs couleurs et leurs beautés. Paris, Charles de Sercy, MDCLXXVIII, non vidi. Nach Ardene's Angaben eine verbesserte Edition des dem Werk von La Quintinye angehängten Tulpentractates.

18 Ein Tulpenbuch in 4° mit prächtigen in Wasserfarbe auf Pergament ausgeführten Bildern, in Mappe mit Bendeln. Bibl. Krelage. (In der Auction Breyer und van Ryn zu Utrecht gekauft.)

19 Ein anderes ähnliches Buch, vorzüglicher Ausführung, ohne Titel, 137 Tulpenbilder enthaltend, in Schweinsleder mit Bendeln. Bibl. Krelage.

20 Ein Band in Schweinsleder, ohne Bänder, zahlreiche minder vorzügliche Abbildungen von Tulpen in Wasser- und Deckfarben enthaltend. Bibl. Krelage.

21 Geteekende en naar het leven gecouleurde Tulpen. Ohne Titelblatt in Papierband. Gute Wasserfarbenbilder. Bibl. Krelage.

22 Collection de Tulipes dessinées sur velin. In grauer Mappe mit blauen Bändern, ohne Titelblatt. Bilder gut aber viel später als die unter 18-21 angeführten, aus der Zeit der Tulipomanie stammenden. Bibl. Krelage. (In der Auction Breyer und van Ryn in Utrecht gekauft.)

23 Mittreksels der Resolutien van Burgemeesteren en Regeerders der Stad Harlem. 7. Maart 1637.

Burgermeesteren ende Regeerders der Stad Haarlem verclaren mits desen ten dienste van de Gemeente ende d'Ingesetenen van de Provincie van Hollant, t'inclineeren ende genegen te zijn, datte blomhandelinge t'sedert den planttyt lestleden alhier te Lande gedreven, staetgewyse sullen werden geannulleert, waervan eenige ingesetenen derselve stat op hun versouck es verleent deze acte, dye ter camere van de gemelte Heeren Burgermeesteren es gearrestiert dezen sevenden Marty 1637. Onderstont my gegenwoordich ende was onderteyckent.

J. van Bosvelt. Harlemer Archiv.

24 Extract uit het Register der uitgaende Missiven der Staaten van Holland 1634—1637.

11. April 1637. Aan het Hoff van Holland. Fol. 367 V30. Edele etc. Wat de Handelaers van tulpen ende bloemen in verscheyden steden van dese provintie ons vertoont hebben, aengaende de questien die geschapen zyn te ontstaen uyte ongehoorde handelingen, coopen ende verkoopen van deselve, een samentlick hare respective versoucken om deselve questien voor te comen, de coopen te modereren ende verscheiden Ingesetenen voor hare ruine te conserveren,

sullen Uwe Edel. connen sien by de verscheyden Requesten hier bygaende, die wy Uwe Ed[e] toeseynden om die t'examineren ende ons metten aldereersten daerop te dienen van hare advise. Hage, den 11. Aprilis 1637. Staten K. Archiv im Haag.

25 Extract uit de Missiven van het Hof van Holland. 8ste Register. 10. Maart 1628 bis 14. Dec. 1638. Fol. 115 V[io]. Archiv im Haag.

15. Aprilis 1637. Edele vermoogende hooghgeleerde, wyse, voorsienige seer discrete heeren:

Wy hebben by t'rapport van deser Stads gedeputeerden verstaen dat by de grootmogende heeren Staten van Hollandt ende Westvrieslandt goedgevonden es te hooren t'advys ende de consideratien van den Hove van Hollandt op de respective requesten aen hare Groot Mog. gepresenteert by verscheyden ingesetenen deser landen, ten eynde den blomhandel t'sedert den planttyt lestleden hier te lande gedreven, soude werden geannulleert ende alsoo ons kennelycken es datte voorsz. handel niet alleen lycken es geweest een drifte by eenige boetsouckende persoonen door loose ende quaede practycquen aengewent, ende dat deselve Goet betert voornementlyck alhier ter sleede heeft in swangh gegaen, maer dattet oock by sigh selffs es een coopmanschap bestaende in pure imaginaire waerdye, sonder dat daer vuyt yets tot nutticheyt, dienst, ofte voordeel veel min tot onderhout van eenige creaturen can werden getrocken, dattet niet anders is als een loosen handel tenderende tot divertie van andere eerlycke ende nootwendige coopmanschappen ende neeringen, ende in allen gevalle datter veel meer handelingen ende coopen syn gedreven als gepresteerd soude connen werden, soo hebben wy lettende op't gemeene beste van onse stadt amptshalven niet connen naelaten Uwe Ed. vermo. serieuselycken te versoucken dat deselve believen nae haere gewonnelycke wysheyt ende voorsichticheyt de voorsz. versoucken in haere meriten te pondereren ende t'examineeren, dienvolgende lettende dattet welvaren van de gemeente d'opperste wet is, haer advys soodanich te formeren datte voorsz. handelinge t'sedert den planttyt lestleden hier te lande gedreven gantschelycken behoort te werden geannulleert ende te niette gedaen, vertrouwende dat daer door niet alleen veele hondert persoonen van goede naeme ende fame voor ruyne ende schande gepreserveert, grooter ende meerder swariche den verhoet maer oock niemant ter weerelt sal werden geinteresseert ende daer door groote ruste ende tranquilliteyt sal staen te verwachten dewyle een yegelyck syn goet sal behouden.

Edele vermogende hoogh geeerde wyse voorsienige, seer discrete heeren, wy bitten Godt Almachtich Uwe Ed. vermog. te nemen in syne h. protectie, Geschreven tot Haerlem den vyffthiensten April anno 1637. Uwe Ed. vermo.

Dienstbereyde den Burgermeesteren ende Regeerders der Stadt Haerlem.

Ter ordonnantie van deselbe was ondertyckent J. van Bosveldt.

26 Edele mog. Hoochgeleerde Wyse vorsienige zeer discrete heeren, de heeren President ende Raeden over Hollant, Seelant ende Vrieslandt in s'Gravenhaage.

Edele groot moogende heeren.

Wy hebben eenige dagen geleden ontfangen Uwer Eed. Gr. Mog. Missive in date op 11 deser maent Aprilis met verscheyden requesten over zelve handel van blommen Uwe Eed. Gr. Mo. gepresenteert by de handelaers van tulpen ende blommen in verscheyden steden van dese provincie van Hollant ende Westvrieslant woonachtich, die Uwer Eed. Gr. Mo. ons hebben toegesonden omme die te examineren ende deselve Uwer Eed. dienthalven te dienen van onse advisen, waerop wy nyet en hebben connen naerlaten voor ende aleer resolutive Uwer Eed. Gr. Mo. te adviseren deselve mits desen te rescriberen dat wy noodich achten, dat wy voor eerst naerder daerop geinformeert ende beruht te syn soo op de oerspronck ende tydt van de successive ende groote rysinge in het vercoopen van de tulpen als mede van de subyte dalinge van dien, de diversiteyt van de gemaecte contracten met de gevolgen van dien, mitsgaders de meenichfuldicheyt van de contrahenten in de respective steden, ende dat hetzelve alder gevoechelicxt ons bedunckens soude connen gedaen ende geeffectueert werden, daer de respective magistraten derzelver steden, die tenteren sullen parthye contrahenten te accorderen ende vereenigen is t'doenlyck ofte anders gehouden syn hare genomen informatien aen ons over te zenden. Ende dat men middelre tyt ende by provisie de planters van de voorsz. Tulpen soude konnen authoriseeren om hare vercochte Tulpen tot laste van hare coopers die in gebreke blyven hare gecochte tulpen te ontfangen naer voorgaende behoorlycke insinuatie te behouden of te vercoopen om haer cort daer naer op de zelve coopers te verhalen in gevalle zouden mogen verstoen werden dat de voorsz. coopers haer effect behoren de sorteren. Blyvende middelre tyt alle vordere contracten van tulpen in suspens ende ongeprejudiceert, ende zenden wy neffens dese papieren Uwer Eed. Gr. Mo. weder over de voorsz. requesten. Hiermede etc. Geschreven in den Hage den XXV Aprilis anno 1637. Arch. im Haag.

[77] Mittreksels der Resolutien van Burgemeesteren en Regeerders der stad Haerlem. 1. Mai 1637. Haerlemer Archiv.

Den Notarissen ende procureurs es belast ende door ordre van de Heeren by den roedragers aengeseyt, hen nyet te laten gebruycken in t'maecken van eenige insinuatien, protesten, citatien ofte notulen, gelyck mede den boden ende roedragers es verboden eenige insinuatien te doen, ofte notulen te dragen, raeckende den blomhandel; op correctie.

[78] Eedele Mogende Hoochgeleerde Wyse voorsienige sehr discrete Heeren.

D'heeren Johan de Wael Burgemeester ende Cornelis Guldewagen Out Schepen deser stadt, mitsgaders Hendrick Lucasz poorter ende inwoonder alhier, hebben ons te kennen gegeven dat sy luyden respectivelicken syn gedachvoert voor den Hove van Hollant ter saecke van seeckere handelingen van tulpa blommen volgens dese bygaende copien van de respective mandementen ende provisien van justitie aen hen geexploicteert, ende d'wyle by resolutie van de Groot Mog. heeren Staeten van Hollant ende Westvrieslant van dato den XXVI Aprilis voorleden in conformité vant advys van den Hove van Hollant noch niet en es verstaen datte copen haer effect behooren te sorteren, ende dat alle contracten van tulpaen voor als noch sullen blyven in suspens ende ongepreiudiceert, sulcxs dat daer vuyt notoirlicken volcht dat deliberante judice vel principe op de validiteyt ofte invaliditeyt van de voorsz. contracten, partyen contrahenten niet en vermogen elckanderen ter saecke van dien in rechte te betrecken, so hebben wy om alle confúsien te voorcomen ende geen consequentien te veroorsaecken nyet connen naelaeten maer ten hoochsten noodich ende dienstlich gevonden Uwe Eed. Mo. by desen te versoucken, dat d'selve believen d'voorsz. twee verleende mandementen ende provisien in te trecken, Uwe Ed Mog. versekerende, dat d'selve sal strecken tot bevorderinge van de gemene ruste ende weringe van menichvuldige inconvenienten. Hiermede Eed. Mog. Hooggeleerde Wyse voorsienige seer discrete heeren, wy bevelen Uwe Eed. Mo. in de protectie van Godt almachtig. Gescreven tot Haerlem den XVI Juny anno 1637 Uwe Ed. Mo. dienstwillige

De Burgermeesteeren ende Regeerders der Stadt Haerlem. Ter ordonnantie van deselve. J. van Bosveldt.

16. Juni 1637. Archiv im Haag.

[79] Mittreksels der Resolutien van Burgemeesteren en Regeerders der stad Haerlem. Harlemer Archiv.

28. August 1637. Den procureurs Schouten ende Bray wert verboden eenige notulen raeckende den blomhandel uyt te seinden ende belast, d'uyt gesondene notulen te trecken ende soo eenige ingesetenen op elcanderen ter saecke van deselve handel yets hebben te pretenderen, sullen hen dies aengaende hebben te addresseren aen Burgemeesteren.

[80] Mittreksels der Resolutien van Burgemeesteren en Regeerders der stad Haarlem. Harlemer Archiv.

30. Januar 1638. Es gearrestert d'Instructie voor de Commissarissen op de questien gesprooten uyt saecke van de blomhandel in maniere als volcht.

D'Heeren van den gerechte der stad Haerlem hebben op't versouck ende gestadich aenhouden van verscheyde ingesetenen deser Stat, tot Commissarissen op de questien ende differenten uyt saecke van den blomhandel ontstaen, ende om d'selve by accommodatie aff te doen, is't mogelyck, gecommitteert ende gestelt, committeren ende stellen mits desen den E. Nicolaes Jansz Verwer, Out Schepen, Hendrick Vestens, Nicolaes Lubbertsz van der Weyden, Josias Harrewyn ende Abraham Loreyn, voor welche Commissarissen alle personen uyt saecke van den blomhandel geciteert wesende, gehouden sullen syn te compareren, op peine voor de eerste reyse van dertich stuyvers, de tweede reyse drye gulden, ende de derde reyse twaelff gulden, te verbeuren ten behoove van de armen, ten ware Commissarissen, om redenen, daer inne dispenseerden off modereerden. Ende sullen de voors. Commissarissen ten minste drye sterk wesende daer toe vaceren in de sale van t'Princen hof alhier, des Woonsdaechs, ende des Saterdaechs des morgens van negen tot elff ende des naemiddaechs van twee tot vier uren. Sullen voorts d'voors. Commissarissen werden geassisteert met een Secretaris off by absentie met een Clercq dye de rolle sal houden ende van elcke presentatie genieten drye stuyvers, by den aenlegger te furneren, gelyck oock de roedragers van de citatie sullen genieten, so veel als sy van andere citatien gewoon syn te genieten, welch recht mede by den aenlegger betaelt sal werden; ende sal de citatie mooten geschieden vier en twintick uren te vooren.

Totte bovengemelte citatien syn de gesworen roedragers geauthoriseert.

[81] Mittreksels der Resolutien van Burgemeesteren en Regeerders der stad Haerlem. 22. Mai 1638. Harlemer Archiv.

De Commissarissen op t'stuck van den bloemhandel, proponeeren, dat sy geresolveert syn, d'uytspraeck van de contracten van de voors. handel te doen over de partyen aen hen verbleven, op drye ende halve gulden van't hondert tot roucoop. Es verstaen dattet selve sal werden gecommuniceert mette heeren van den Gerechte.

Druck von A. Th. Engelhardt in Leipzig.

1 VISEROY. — 2. SEMPER AUGUSTUS. — 3. GOUDA.

Zeitfracht Medien GmbH
Ferdinand-Jühlke-Straße 7
99095 Erfurt, Deutschland
produktsicherheit@kolibri360.de